だまし絵を
描かないための

要件定義
のセオリー

Theory of Requirement Definition

赤 俊哉 著

リックテレコム

簡易電子版について

本書をお買い上げの方は、パソコンやタブレットPC等でも本書の内容を閲覧いただけます。
下記の制約をご理解のうえ、宜しければご利用ください。

- 専用ビューアソフトのダウンロードが必要です
- 2つのサイトでのご登録お手続き（お名前やメールアドレス等の入力）が必要です
- レイアウトが固定されているので、小さな画面には不向きです。書き込みや付箋の機能もありません
- ご利用は本書1冊につきお一人様かぎりです

ご利用方法につきましては、本書巻末をご覧ください。なお、本サービスの提供開始は2019年3月30日0：00、終了は2024年3月の予定です。

注 意

1. 本書は、著者が独自に調査した結果を出版したものです。
2. 本書は万全を期して作成しましたが、万一ご不審な点や誤り、記載漏れ等お気づきの点がありましたら、出版元まで書面にてご連絡ください。
3. 本書の記載内容を運用した結果およびその影響については、上記にかかわらず本書の著者、発行人、発行所、その他関係者のいずれも一切の責任を負いませんので、あらかじめご了承ください。
4. 本書の記載内容は、執筆時点である2018年1月現在において知りうる範囲の情報です。本書の記載内容は、将来予告なしに変更される場合があります。
5. 本書に掲載されている図画、写真画像等は著作物であり、これらの作品のうち著作者が明記されているものの著作権は各々の著作者に帰属します。

商標の扱いについて

1. 本書に記載されている製品名、サービス名、会社名、団体名、およびそれらのロゴマークは、一般に各社または各団体の商標、登録商標または商品名である場合があります。
2. 本書では原則として、本文中において™マーク、®マーク等の表示を省略させていただきました。
3. 本書の本文中では日本法人の会社名を表記する際に、原則として「株式会社」等を省略した略称を記載しています。また、海外法人の会社名を表記する際には、原則として「Inc.」「Co., Ltd.」等を省略した略称を記載しています。

騙し絵を描かないために

「この、ひろい世の中は赤の色や、緑の色や黄の色や、さまざまな、
数え切れない色合いによって、成り立っているのじゃ」

池波正太郎「黒白」より

　この台詞は時代小説の大家、池波正太郎先生の小説の一節です。この台詞にあるとおり、世の中は様々な色合いで成り立っています。白、黒だけでなく、赤もあれば黄も緑もあります。簡単に白、黒を決められない事柄がほとんどです。そしてシステム開発も、様々な色合いの中で行われます。

　今日の企業で「システム開発」と言うときは、「ITを使用した情報システムの開発」を指します。企業情報システムの開発に際しては、経営の視点、業務の視点、システムの視点に立つ様々なステークホルダーが登場し、様々な考えが交錯します。インターネットが進展した昨今では、これに加えてお客様の視点が大きなウエイトを占めるようになりました。世の中同様、白黒つけるのは容易ではありません。システム開発は、この様々な色合いを整理して、0と1のデジタルの世界に落とし込む作業になります。

　言葉にすると簡単そうですが、実現するとなると、なかなか難しそうです。では、そんな困難なことを実現するためには何が必要でしょうか。何を、どうすべきでしょうか。

　それは……、要件定義を含む「上流工程」において、システム開発の「目的」と「方向性」を明確にすることです。ビジネスの目的を実現するために必要なシステムの目的を改めて明確にした上でまず方向性を明確にし、羅針盤として開発プロジェクトを正しい方向に導くこと、これしかありません。システム開発はビジネス活動のほんの一環にすぎません。システム開

発の目的については、大枠を確認しておけばよいでしょう。しかし、大枠がぶれると大きな問題になることを認識しておかなければなりません。

その上流工程において、より具体的な方向と範囲を決めて、目標を設定するのが「要件定義」という工程です。開発するシステムの方向性を定め、要件として明確化するのです。この場合の方向性とは、本書で繰り返し説明するデータ、プロセス、その基盤となるアーキテクチャのあり方を指します。これこそがアナログの様々な色合いを、0と1のデジタルの世界に正確に落とし込むために必要不可欠なことです。

「騙し絵」というものをご存じでしょうか。見る人の錯覚により、様々に見える絵のことです。見方によって違うモノが見えたりする不思議な絵です。「視覚の魔術師」と称されるエッシャーの作品が有名ですね。システム開発プロジェクトにおいては、「無意識のうちに騙し絵を描いてしまわないように注意する必要がある」と筆者は考えています。要件を定義する際、自分が「騙し絵を描いている」ことに気づかないまま後工程に進んでいくと、騙すつもりはなくても、システムにからくりを仕込んでしまうことになりかねません。また逆に、騙し絵が描かれていることに気づかないまま後工程に進んでいくと、「からくりに気づいた時には既に遅い」という事態に陥ります。

筆者は、騙し絵が原因となって難航した開発プロジェクトを数多く見てきました。それほどにビジネス、業務、システムの無数の色合いを「要件として明確化する」ことは困難な作業なのです。

本書では読者の皆様と、そんな困難な作業に、できる限り少ない労力で立ち向かうための術を、共有したいと考えています。奥深い要件定義について、一緒に学んでいきましょう。

CONTENTS

騙し絵を描かないために ……………………………………………… 003

第I部　要件定義と情報システム ……………………………… 009

序章　なぜいま、「要件定義」なのか？ ……………………… 009

- 0.1　システム開発における「要件定義」とは？　011
- 0.2　本書が目指すもの　023
  - Column　ツールについて考える　028
  - Column　初太刀の面　032
- 0.3　本書の構成　035

第1章　情報システムにおける要件定義 ……………………… 037

- 1.1　要件定義が果たすべき目的　039
- 1.2　要件定義の工程　049
- 1.3　2種のシステムと2種の案件　056

第2章　要件定義の基本方針 …………………………………… 059

- 2.1　抜けのない要件定義を目指す　061
  - Column　ソフトウエアの特性　067
- 2.2　UXを整理しよう！　068
- 2.3　アジャイルにおける「要件定義」　073

CONTENTS

第Ⅱ部　要件定義の実践 ……… 079

第3章　要件定義の前にやっておくべきこと ……… 079

- 3.1　システム化企画／業務分析　　081
  - Column　システム企画／業務分析　　089
- 3.2　要求の明確化　　090
  - Column　要求明確化の手順　　095

第4章　要件定義でやるべきこと ……… 99

- 4.1　要件の範囲の明確化　　101
  - Column　上流からのやり直し経験　　109
  - Column　「要求→要件」を明確にする手順　　110
- 4.2　制約と外部接続の明確化　　113
  - Column　「システム全体図」の作成手順　　116
- 4.3　業務フローの明確化　　118
  - Column　要件定義で行うべきプロセス定義の範囲　　120
  - Column　わかりやすさの軽視　　126
  - Column　業務フロー作成時の留意点　　127
- 4.4　業務プロセス要件の明確化　　138
  - Column　「ToBe業務フロー図」の作成手順　　152
- 4.5　UI・機能要件の明確化　　157
  - Column　得意技を磨け！　　164
  - Column　「UI・機能の明確化」の手順　　168

4.6	データ要件の明確化		170
	Column 「ToBeデータモデル」作成の手順		193
	Column 属性名の命名規則 (ネーミングルール) の 標準化と明確化		197
	Column 導出項目の整理		198
	Column ビジネスルールの整備を開始しよう！		201
	Column 実施作業の場合分け		203
4.7	CRUDマトリクス分析		204
	Column CRUDマトリクス分析の手順		208

第5章　非機能要件の定義 ……… 211

5.1	非機能要件の明確化	213
	Column 応答時間の感覚の違い	219
	Column 「非機能要件の明確化」の手順	222
5.2	ユーザビリティ要件の明確化	224
	Column 「ユーザビリティ要件の明確化」の手順	228

第6章　アーキテクチャの整備 ……… 229

6.1	アーキテクチャ方針の明確化	231
6.2	システムアーキテクチャの明確化	235
	Column 「システムアーキテクチャ明確化」の手順	240
6.3	アプリケーションアーキテクチャの明確化	242
	Column 簡易に作ることを恐れるな！	245

CONTENTS

第7章　妥当性確認／合意形成　247

7.1 要件定義の妥当性確認　249
7.2 要件定義の合意形成　255
　　　Column 『システム設計のセオリー』の読者の方へ　260

鳥の目を持って地べたを這う　266

参考文献　269

索 引　270

本書電子版の無料ダウンロードサービスについて　272

第1部 | 要件定義と情報システム

序章

なぜいま、
「要件定義」なのか？

0.1　システム開発における「要件定義」とは？

0.2　本書が目指すもの

0.3　本書の構成

Theory of Requirement Definition

システム開発における「要件定義」とは？

そもそも要件定義とは何か？

　システム開発における要件定義とは、一般的には「要求分析結果を基にシステムで実装すべき**制約を明確にし**、『要件』として確定すること」を指します。「まえがき」の表現を引用すれば、「目的」と「方向性」を明確にした上で、目標を定めていくことになります。

　確定された要件については、ステークホルダー間で合意を得る必要があります。ステークホルダーには、ビジネスを俯瞰する人、現場で業務を指揮する人、個々の業務に従事する人など、様々な立場の人が含まれます。つまり、技術者ではない人にも理解ができ、合意に至ることが可能な表現を用いる必要があります。

　さらに、次工程である「設計工程」のインプットとして有用であること、つまり「設計が可能な状態にすること」が求められます。そのためには、後工程の技術者がわかる表現でなければなりません。この二点を満たしてこそ、要件定義は初めて意味を持ちます。

本来の要件定義の位置づけ

　要件定義とは、「要求分析結果を基に、システムで実装すべき**制約を明確にし**、『要件』として確定すること」を指す、と書きました。つまり本来、要

0.1 システム開発における「要件定義」とは？　　**011**

件定義で行う作業は、要求を基に制約を考慮し、現状分析を経て要件として明確化することです。そのためには、要求を見直し、修正を加えることによって、要件定義が可能となるくらいにまで、要求が明確にならなくてはいけません。

この場合の「要求」とは、要求事項の羅列を指すのではありません。「ToBeプロセスモデル」すなわち「プロセスのあるべき姿」と、「ToBe概念データモデル」すなわち「データのあるべき姿」が、既に作られている状態を指します。要求を基にしたToBeモデルが、業務レベルまで考え抜かれている状態であるということです。

ここで述べた「プロセスモデル」とは、業務プロセスを手順として表した図解を意味します。「企業組織の仕事の仕方を図解したもの」と表現する人もいます。「データモデル」とは文字通り企業組織で管理すべきデータと、データの構造を図解したものを意味します。

要求分析と要件定義の作業を列挙してみます。

1. じっくりと時間をかけて要求を明確化し、ToBeビジネスモデルを検討する。
2. 明確化された要求を基に、ToBe（あるべき）プロセスモデルとToBe概念データモデルを作成する。
3. AsIs（現に今ある）モデルを検証。（…ここまでが要求分析で行うべき作業です。）
4. AsIsモデルを参考にして、人、モノ、金等のプロジェクトとして意識せざるをえない制約を考慮しつつToBeの実現可能性を検討する。
5. もし、実現可能性が低いと判断されたら、ToBeを修正し、新しいToBeのプロセスモデルとデータモデルを作成する。
6. AsIsから新ToBeモデルへ至るプランを策定する。

4.以降が要件定義で行うべき作業です。また、5.の内容を一言で表せば、「理想を現実に近づける作業」だと言えます。実際には、元のToBeモデルを修正して作成します。上記のように、ToBeに充分な時間をかけて、

業務フローレベルまで落とし込んでいれば、そこから実現可能なToBeを策定することは比較的容易です。

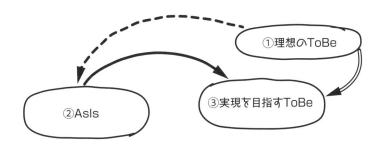

上の図のように、①理想のToBeを考え抜き、「要求」をモデルの形にまとめ、そこへ②AsIs分析を通じて現状を加味することで③「要件」としてまとめ上げ、実現を目指すための新しいToBeモデルを作成する、この手順を踏むのが理想です。①理想のToBeと③実現を目指すToBeの差は、②AsIsと制約を実現可否の判断材料として反映させたものになります。

とはいえ実際には、要件定義の前段階において、要求をToBeモデルにまで落とし込むことをしない、いや、できなかった開発プロジェクトもあります。いえ、ほとんどがそうかもしれません。本書では、要件定義を行う上での前提条件が異なる下記の2パターンについて、要件定義のやり方を説明していきます。

A) 要求がToBeモデルに落とし込まれている（本来目指すべき形。要求分析がきちんと行われている場合）。
B) 要求がやや曖昧であり、ToBeモデルは存在しない（要求分析がきちんと行われなかった場合）。

機能の仕様を確定すること

設計を行うには、当然、機能の仕様がきちんと確定されていなければな

りません。そのため、「要件定義のなかで機能の仕様まで確定すべき」といういう考えが一般的です。

注意点があります。要件定義で押さえるべき「仕様」とは、ユーザー視点での機能の振る舞いや制約であり、機能の内部構造にまで踏み込むものではありません。

しかしながら、要求を基に「何を作るか?」を定義する段階で、「仕様」まできちんと確定するのは簡単な話ではありません。ユーザーは新規開発の場合、見たこともないプロセスにおいて必要となる機能の仕様を、それも具体的にはまだ何もない段階で、確定しなくてはならないのです。「極めて困難である」と言ってよいでしょう。

大きな、特にアーキテクチャに影響を与えるような仕組みにおいて、仕様を確定する意味がどれほど重要なものか、ほとんどの場合ユーザーは理解していません（要件が設計に落としこめないくらいに曖昧であったり、確定した要件が間違っていたりした場合の影響度合いも、たいていは理解していません）。それでも「要件」を確定しなければ、プロジェクトは先に進むことができません。

機能の仕様を記述する要件定義成果物として、本書の第4章で詳述する「業務プロセス」、そして業務プロセスを支援する機能仕様の記述例を示します。もちろん、仕様の記述方法にユースケース記述を用いても構いません。以下がその具体例です。

業務プロセス： 受注登録を行う
機能：　　　　受注登録

【実施目的／システム化の狙い】［Why］
- 受注伝票の記入を省き、作業を効率化する。
    - 重複記入の排除
    - 転記漏れ、転記ミスの根絶
- 受注時点での在庫状況の把握と在庫状況を元に納期解答を可能と

する。
    - 在庫欠品時対応の迅速化
    - 現在庫と手配状況の正確な把握
    - 正確な納期解答
- 在庫状況を元に正確な発注を可能とする。
    - 適切なタイミングでの発注による倉庫スペースの圧縮と管理コストの削減

【実施タイミング】[When]

- 顧客から電話／FAXで注文を受けた時点で、即時受注情報登録を行う。
- 内示受注の登録も即時行う。
- 顧客から受注変更の連絡があった場合、もしくは入力ミスが確認された場合、受注情報の変更を行う。
- 顧客から受注の取り消しの連絡を受けた場合、受注情報を削除する。

【実施場所】[Where]

- 営業部設置の各PCから操作可能にする。
- 営業部員携帯のタブレット端末より操作可能とする。
- 営業部以外の部署では受注情報の参照のみ可能とする。

【実施者】[Who]

- 営業の予約担当社員は、受注情報の入力を可能とする。
- 営業部以外の社員は、受注情報の入力は不可とする。

【実施対象データ】[What]

- 顧客からの受注情報(内示受注を含む)／社内(グループ企業)からの受注情報

- 直送受注情報／自社を経由する受注情報
- 現金取引(雑取引)の受注情報／受注単価決定済の受注情報

【実施要項／業務の流れ】[How]
- 顧客から電話／FAXで受注を受付ける。
- 受注担当者は、商品の在庫確認及び得意先の信用限度額の確認を行う。
  - 在庫照会の機能を用いて、出荷が可能かどうかを確認する。
  - 他の倉庫に在庫が存在する場合は、出荷倉庫を変更する。
  - 在庫不足により商品の仕入が必要な場合は、商品の仕入先を選定するために、見積依頼を行う。
  - 見積内容に基づき仕入先(仕入単価含)を決定する。
- 受注情報から「受注書」及び「受注確認書」を出力し、「受注確認書」を顧客に送付する。

【実施量／作業時間／作業量／データ量】[How much]
- 月平均500件の割合で受注が発生。
- ピーク時のゴールデンウィーク、年末年始の期間は、月あたり2000件になる。

【その他留意点】
- 受注の登録・変更・削除により、該当商品の有効在庫をリアルタイムで引き当てる。
- 海外からの受注にも対応可能とするため、複数通貨に対応する。

方向性を指し示す

要件定義は「要求」を「要件」に落とし込む工程です。要求と要件の違い

については、後ほど詳しく説明します。

　要求段階において要求は、ビジネス(経営レベル)、業務(現場レベル)、システム(エンドユーザーが操作する機能レベル)という、それぞれのユーザーの立ち位置から現出してきます。要求はあくまでユーザーから出てくるものですから、それを分析する過程において、要求を何らかのフォーマットに落とし込んで整理する際には、ビジネス表現、つまりユーザーが理解できる表現でなければなりません。

　では、要件定義ではどうでしょうか。要件に関しても同様です。何が要件として整理されたかを、ユーザーが理解できなければなりません。さもないと、合意を得ることもできません。要求と要件で異なる点をひとつだけ挙げるとすれば、要件を定義した結果は、設計工程におけるインプットとして、有益でなくてはならないことでしょうか。そのため、要件定義のアウトプットは、「ユーザーが理解できるビジネス表現、かつ、設計工程においても使用可能なもの」である必要があります。設計工程で役立つためには、これから作るシステムの具体像がなければなりません。そのため、要求と比べてIT寄りの用語と表現が必要となりますが、それでもユーザーが理解できる表現を優先すべきでしょう。

　つまるところ、様々な立場の誰が見ても「わかりやすい」ということに尽きます。そして、そんな「わかりやすい」表現を使って、「方向性が適切か」見極め、そしてその方向性を実現するための「枠組みを明確にして具体化」していくことになります。

要件定義の範囲

　どこまでの作業を要件定義の工程とみなすかは、実はプロジェクトによって異なります。「要件定義プロセスとタスク(成果物)の関係についてはプロジェクトによる」という考えが一般的でもあるようです。

　本書で説明する要件定義は、「実装(HOW)を意識せずに、まずは何

(WHAT) をきちんと定義すべき」という考えに基づいています。実装を意識せずに定義するのはデータ、プロセス、機能等に関する事項に及びます。しかしその一方、昨今ではアーキテクチャによって実装工程の内容が左右されるため、要件定義の時点で実装を意識したアーキテクチャを検討する必要が生じていることも確かではあります。

　以上を勘案し、本書では要件定義の範囲を、以下の2つのどちらかとすることに定めます。

　a) 機能／非機能要件の確定まで：
　　開発対象のシステムで必要とされる機能／非機能要件を、全て確定させるところまでを、要件定義にて行います。
　b) 機能／非機能の目的・方向性の明確化まで：
　　想定したアーキテクチャを基盤とし、データとプロセス、そして必要となる機能、UIについて確定させるところまでを要件定義にて行います。

　b) はa) の途中までを実施する形になります。本書ではb) を基本としつつ、a) とb) 2パターンのどちらの場合にも当てはまるよう説明していきます。

まずは…

　まずは要件定義の中で、設計に必要な枠組みを明確にすることを目指します。「枠組みを明確にする」というのは、つまりシステム、インフラ、アプリケーション、データに関するアーキテクチャの方向性を明確にし、その中で必要なデータとプロセスを明確化することを指します。例えば、アプリケーションは現行踏襲を基本とするのか、インフラはオンプレミスで構築するのか、クラウドに移行するのか、プログラミング言語も現行踏襲か、データモデルを流用するのか等明確にしていくことになります。

　「枠組み」は開発手法やプロジェクトにより異なります。いずれにしても、

その枠組みを想定した場合に、どの程度の開発規模が必要になるか、求められる精度の見積りが可能でなければなりません。

このことは、要件定義の段階で「どこまでを求めるか」により、後続の各工程で定義すべき内容が変わっていくことを意味します。ですので、読者の皆さんが関与する開発プロジェクトにおいて、工程に対する考え方がきちんと確定した時点で、本書の内容をカスタマイズする形で、「要件定義」にて行うべき作業を定義していってください。

情報システムにおける「要求」と「要件」

ここでいったん、情報システムにおける「要求」と「要件」の考え方を整理しておきましょう。

「要求」とは、「ユーザーが情報システムで実現したい事」を指します。

「要件」とは、「要求」を基に、「制約」を踏まえて、「情報システムに盛り込むべきもの」を指します。

この2つの定義を、どこまでも念頭に置いておいてください。

「要求」と「要件」の違い

「要求」と「要件」の違いを整理してみましょう。
- 「要求」= 本当に欲しいもの
- 「要件」= 本当に要るもの

要求と要件の違いを簡潔に言い表すとしたら、このようになります。

要求にはまず、大きな「ビジネス要求」があります。それを実現すべく「ビジネス要件」を整理していきます。さらに部門レベルの「業務要求」があります。その実現手段は「業務要件」として整理していきます。システム要件は、ビジネス要件と業務要件をブレイクダウンする形で整理していきます。

また、「ビジネス要求」「業務要求」から「システム要求」が明かになり「シ

ステム要件」として整理される場合もあります。例えば次のような具合です。

- ビジネス要求：定性・顧客の拡大と顧客満足度の向上。定量・それに伴う売上の向上。
- 業務要求：担当部門における顧客の利便性向上によるクレーム減少。円滑なフローによる受付事務負担の軽減。部門売上の向上、会員数増加、サイトアクセス増加。
- システム要求：新ECサイト構築。新決済手段導入によるサイトユーザビリティの向上。アクセスログ取得。リコメンド導入。基幹系とのデータ連動実施。顧客マスターの再構築。

さらに、最初から「システム要求」が明らかであり、それを実現するための「システム要件」を整理していく場合もあります。

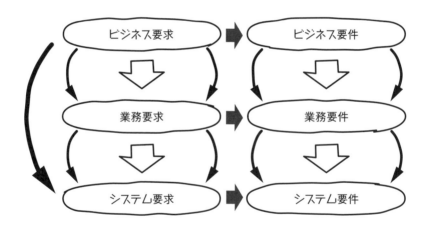

「最初からシステム要求が明らかなケース」には、以下があります。

① RFP（提案依頼書）の中にシステム要求が明示されている――この場合においても、「ビジネス要求」「業務要求」との整合性は精査する必要があります。

② システムの保守フェーズにおいて発生した要求――現場の声に押

されて明らかになった場合でも、「ビジネス要求」との乖離が生じていないか精査する必要があります。
③ 誰の目から見ても「システム要件」とすべき要求（操作性に問題のあるUIを改善するなど）──緊急性があるため、すぐに手をつけなければならないのはやむを得ませんが、それでも結果的にどう「ビジネス要件」「業務要件」に反映されるのかは、きちんと精査できるようにしておきましょう。
④ 外部要因により「ビジネス要求」が「システム要求」になったもの。

上記④の例には、税制・法律・制度の改正、グローバル対応、BCP（事業継続計画）、セキュリティ対策、データ駆動経営（内外データを活用する地盤作り）等があります。ほとんどの場合こういった要求は、現場の業務要求を通り越してシステム要求となります。必然的に優先度を上げて対応を迫られることになります。

さて今度は、システムに対する要求と要件を、簡潔に定義してみましょう。
・「要求」＝ ユーザーが情報システムで実現したいこと
・「要件」＝ 要求に基づきつつ、制約を踏まえて、情報システムに盛り込むべきもの

然るべき制約の中で実現可能な要求だけが、要件としてまとめられていきます。いくら高い理想を掲げたくても、現状を含む制約を無視しては、要件たりえません。

また、要求と要件の違い以前に、そもそもの問題として、多くのユーザーが「システムで解決すべき要求と、別の手段で解決すべき要求」、つまりビジネス要求とシステム要求をきちんと判別できていないことがあります。要求を整理する段階、例えばRFPの作成時に、「要求のあるべき姿」にまで突っ込んで社内コンセンサスがとれていればよいのですが、たいていの場

合はそうなっていません。このことは、業務改革を伴うプロジェクトや、新規ビジネスの立ち上げを伴うプロジェクトではいっそう顕著です。どこまでがビジネス要求で、どこからがシステム要求かわからない、換言すれば、課題のどこまでをシステムで解決すべきか、ユーザーすらわかっていないケースが多々あります。

そんな状態であるにもかかわらず、開発者はユーザーの言うことを何でも丸呑みして、全てシステム要件として整理し、システムに取り込もうとしてしまい、挙句に工数ばかり超過して、要求を満たすシステムを構築できなかったという例は珍しくありません。

要求と要件の関係図

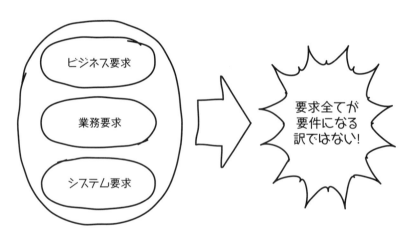

そうした事態に陥らないために、本書では要求を階層化して、整理していく方法を説明します。要求をステークホルダーのレベルに応じてきちんと整理し、かつ、「要件となりうるか」を明確にしていくのです。要求が全て要件となる訳ではないことを、常に頭の片隅に置いておきましょう。

Theory of Requirement Definition

本書が目指すもの

本書では前項で説明したとおり、①要求のあるべき姿が明確である（ToBeモデルが存在する）場合と、②要求が曖昧（具体的でない。ToBeモデルは存在しない）、いずれの場合にも対応可能なように、「要件定義」はどうあるべきか、どうするべきかを明確にしていきます。

上流工程とは？

　要件定義を含む、システム開発の上流工程について考えてみます。
　一般的には、上流工程はシステム開発の初期工程を指し、「企画」「分析」「要件定義／機能定義」といった工程で構成されます。反対に下流工程とは、構築・実装・テストの工程を指します。
　では、上流工程は、どうあるべきでしょうか。
　何事も最初が肝心です。ユーザーが本当にやりたい、やらねばならないことを川の源流とみなせば、そこから流れ出す思いをくみとり、整理した上で、枠組みと方向性、範囲を定めるのが上流工程の役割だと、筆者は考えています。そう考えると、上流工程は源流に極めて近いところから始めるべきでしょう。そうしないと、源流から滴り落ちる"思い"を汲み損ねて、下流へ向かう流れをうまく作ることができなくなってしまいます。水の一滴が川のうねりを経て、大海に注ぐイメージです。

"最初"が肝心＝要件定義含む「上流工程」が大事！

- ユーザーが本当にやりたい、やらねばならないことを川の源、源流とみなせば、そこから流れ出す思いをくみとり、整理した上で枠組みと方向性、範囲を定めるのが上流工程の役割

- そう考えると、上流は源流に極めて近いところから始めるべき

- 逆に近いところから始めなければ、源流から滴り落ちる"思い"を汲み損ねて下流への流れをうまく作れなくなる

- 一滴の水滴が川のうねりを経て、最後には大海に注いでいくイメージ

　そんな上流工程を巧く行うためには、何が必要でしょうか。筆者は、とにもかくにも「コミュニケーションである」と確信しています。そして、「コミュニケーションの価値は受け手が決める！」という当たり前のことを、肝に銘じる必要があります。送り手の独りよがりでは、コミュニケーションは成立しないのです。そしてコミュニケーションを通じて要件を整理し、システムの全体像（アーキテクチャ）を構想し、要求に沿ったシステム要件を作り上げていくのです。

　筆者は上流工程を以下のとおり定義しています。

　「"上流工程"を一言で表現すれば、システムのプロと業務のプロとの間で相互翻訳作業を行い開発対象のシステム構想を作り上げる工程である」。言い換えれば、「システム屋と業務屋とのコミュニケーションを円滑

にするために、お互いの言語を翻訳し、整理した上で、システム構想を固めていく段階」ということかもしれません。

要件定義を含む上流工程とは…

★"上流工程"とは一言で表現するならば、システムのプロと業務のプロとの間で相互翻訳作業を行い、開発対象のシステム構想を作り上げる工程である

言い換えれば…

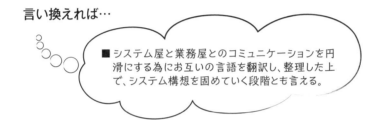

■システム屋と業務屋とのコミュニケーションを円滑にする為にお互いの言語を翻訳し、整理した上で、システム構想を固めていく段階とも言える。

　ここで気を付けなくてはならないのは、あくまでも「相互理解」「相互翻訳」が必須であるという点です。システム屋（開発者）が一方的に業務屋（ユーザー）を理解するだけではダメです。業務屋には、開発されたシステムをツールとして活用し、ビジネスの価値を生み出すことが求められます。システムに対する自主的な理解が求められるのです。その上で各々の立場と役割を明確にし、共同でシステム要件を作りあげていくのです。

　両者がお互いの立場から必要なアーキテクチャを考え抜き、要求と要件の橋渡しを行い、要件を明確化していく必要があります。

　その際にシステム屋にとって、「ユーザが要件を提示してくれないから要件定義ができない」といった泣き言は禁句です。いくら「主体的にシステムに関わる」といっても、業務屋は、システムで何ができるか、わかっていない場合がほとんどです。システム屋から積極的に働きかける姿勢が必要です。「思いを言わなかったユーザが原因で要件定義が失敗した」といった言

い訳は許されないのです。思いを汲み取った上で、システムで実現できることをきちんと提示する必要があるのです。

さらに要件定義では、「どこまでシステム化するか」といった範囲と制約を明確にしなければなりません。夢ばかり語ってよいのは要求の段階までです。業務屋も後々「こんなシステムだとは思わなかった」といった泣き言は禁句です。出来上がったシステムは自分たちのものであり、それを有効活用してビジネスの成果をあげることが使命だと認識しなければいけません。

お互いの役割を認め、積極的に関与しあって共同で作り上げていくという共通認識に立ち、相互理解、相互翻訳を可能としてこそ、システム開発における上流工程が意義あるものになるのです。

その上で
- 安易に作りに走らない。
- 目的を念頭において常に立ち帰る。
- 自ら動く。

といった三カ条のセオリーを意識して、要件定義を行うことにより、システム開発を成功に導くことが可能になります。

必要なもの

では、要求分析、要件定義という工程では、何が必要でしょうか。所謂上流工程でまず認識すべきことは、様々な立場の人間、しかも互いに異なる立場の人間たちが関わり合うということです。

そこで必要になるのは、本書のまえがきでも触れましたが、立場の違う者同士が共通認識を持てる仕組み、その仕組みを可能とするツールです。ここで言うツールとは、モデリングツールなどの狭義の開発支援ツールだけではありません。描画ソフトやメール、掲示板、ワークフロー、MS-Officeなど、仕事のルールや作業を支援し、開発プロジェクトに有用と思われるツール全般を指します。

「ツールなんか要らない。自然言語だけで十分可能である」という考えの人もいるでしょう。果たして言葉だけで、様々な立場の人間同士のコミュニケーションは可能でしょうか。

システム開発は共同作業です。立場の違う、時には利害の対立する人々が、当たり前のごとく参画して成り立つものです。自然言語だけでコミュニケーションをとろうとした場合、お互いが架空のイメージを思い浮かべて共同していくことになります。皆が本当に同じひとつのイメージを共有しているのか、誰にもわかりません。そして何の根拠もないまま、だんだんと共有しているものと思い込み始めます。実際にはずれていることの方が多いのに…。こうなるとまさに騙し絵の世界です。

残念ながら、「自然言語だけでは難しい」と言わざるをえません。特に曖昧さを許す日本語の表現は、ディティールを描ける美しさの半面、システムの要件を整理するうえではリスクを孕んでしまいます。では、どうすればよいでしょうか。

それは、言葉（言語）だけに頼らないことです。架空のイメージではなく、実際に目に見えるように描かれた図版、つまりイメージ（像）を可視化したモデルを共有することです。誰が見ても同じ理解を得るように、抽象的なイメージを具象的なチャート図やフロー図、ダイヤグラム、表の形などにわかりやすくモデル化することが肝要です。開発にもビジネスの現場にも役立つ、強靱かつシンプルな「図式」をモデル可視化ツールとして徹底的に活用するのです。

システムというものは作るのも人、使うのも人です。使われなければ「何の役にもたたない道具」にすぎません。この「作る人」と「使う人」を繋ぐのが「要件」です。ですから、「作る人」と「使う人」の間で合意がなければなりません。両者の相互理解を可能とするコミュニケーションツールとして、図表が必要となるのです。

使うツールは、表現がシンプルでなければなりません。立場の違う者同士の共通言語となって、「何を作るのか」を明確に表わすのです。

図 異なる立場の間で理解を促進する手段が必要

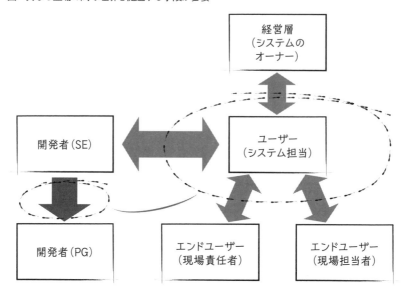

Column

ツールについて考える

　ツールというものについて考えてみたいと思います。文字通り道具に過ぎないものに、過剰な期待を寄せる人を稀に見受けますが、残念ながらツールは、魔法の杖にはなりません。

　ただ助けにはなります。登山道具のピッケルに喩えてみましょう。スキルの低い人が断崖を登るとき、ピッケルを持っていたら、どれほど心強いでしょうか。落下して死なずに済むことだってあります。

　頑健な、高いスキルの持ち主であれば、ピッケルなしで、自分の強い腕だけで登り切れば良いのです。あなたが登山パーティの一員だとします。頑健なメンバーばかり揃えることができたら、道具なんてなくても、たいした問題ではないかもしれませんが、やや弱いメンバーを押し上げなくてはならないとしたらどうでしょうか。せめてピッケルくらいは使いたくなるのではないでしょうか。

　やっかいなのはパーティの中に、一人、二人、腕に自信のある人が混ざっ

トップダウンの重要性

投資を伴うシステム開発において、要件を確定する際の大原則があります。システム開発の要件定義の基本はあくまで、「トップダウンで骨組み、ボトムアップで肉付け」、これがセオリーです。「要求」についても「要件」についても、後述する通り「ビジネス→業務→システム」の順に考えていくのがセオリーであり、大原則です。

但し、トップの期待値ばかりが大きすぎると、現場で使いものにならないシステムになってしまうことがあります。期待値を実現するよう現場で使わせるためには、現場を変えるしかない場合もあります。そうなると、ビジネスの方針変更や人事的処置等を行う覚悟があるかどうか、トップの姿勢が問われ、システムだけでは解決できない問題に発展します。

ERP導入による抜本的な業務改革を目指す場合は、特に顕著かもしれま

ている場合です。彼らの声がでかいと、ピッケルを必要としている他のメンバーの叫びが届かないことがあります。リーダーは小さな叫びに耳をすまし、ツール使用の是非を決める必要があるのです。

ツールの効用は、力のない者でも、「ここまで頑張れば大丈夫！」と思わせてくれることです。プロジェクト全体を考えると、実はこれが大きいのです。

リーダーの責任は重いものです。ツールを使うか否かを検討するところからプロジェクトは始まっています。

ピッケルの代わりに、銃に喩えてみましょう。銃が人を殺すのではありません。引き金をひくのは「人」です。ツールとしての銃は、「人を撃つ」という単機能だけを磨きぬいたからこそ、簡単に目的を達成できてしまうのです。人を撃つことの是非はさておき、単機能のツールは、より純粋に、迷いなく、目的達成を容易にすることは確かです。

せん。その場合、経営陣には、ITシステム導入以外の覚悟（ビジネスおよび人・組織といったリソースの改革に対する覚悟）が問われます。

要件のレベル

前項で「要求」のレベルについて説明しましたが、「要件」にもレベルは存在します。要求同様に「ビジネス」「業務」「システム」のレベルです。

【要件のレベル】
★ビジネス要件
★業務要件
★システム要件

ITシステムがシステム要件を満たしていても、「ビジネス要件」「業務要件」を満たさなければ、ただの役に立たない箱です。現場で使い物にならず、ビジネス価値に繋がらずに、結果として、投資効果を見込めないゴミになってしまいます。

「システム要件」を満たす以前に、「ビジネス要件」「業務要件」を満たす術を講じなければなりません。それには強烈なトップダウンが必要です。トップダウンなしでは「業務改革」は成功しません。いきなり「部門長」以下に丸投げでは「業務改革」はムリです。

部門で使用するシステムの開発案件に、該当の部門長をリーダーに任命するケースをよく見かけますが、止めた方がよいでしょう。リーダーはあくまでトップが務めるべきです。部門長は部門の利益を最大化する役割を担っています。いくら「全社最適」の視点を持ってはいても、自部門の利益を優先するので、結果的に「部分最適」に陥る恐れがあります。

業務改革を伴うシステム開発で、トップの姿勢が問われるのはこのためです。

但し、残念ながら日本の企業組織においては、そこまでのリーダーシップを発揮して、トップダウンで物事を決めていく風土がない、醸成されていないことの方が多いかもしれません。その場合には、現場で吸い上げた「業務要件」を「ビジネス要件」としてまとめ上げ、再度「ビジネス要件」から「業務要件」「システム要件」へと落とし込む等の工夫が必要になります。

人真似でうまくいくか？

要件定義や上流工程で行うべきことは、既にいろいろな書籍で紹介されています。それらを参考にすれば、何とかなるのでしょうか？ 今まで、何とかなったでしょうか？ もしかすると、「そんなことはわかっている！」「自分はうまくやれている！」と立腹する方もおありでしょう。

では、多くの本が出版され、参考にされたことで、システム開発の失敗は減っているでしょうか？ どうも、そうは思えないのです。それとも、これまで以上に「先人の教え」を参考にすれば、何とかなるでしょうか？ 残念ながら…そうでもないようです。なぜでしょうか？

現場で「うまくいかない」原因があるのです。具体的には以下に挙げる5点が考えられます。

① やるべき事にみあう、充分な時間が与えられていない
　　本には行うべき作業や作成すべき成果物が規定されており、認識してはいるものの、実際のプロジェクトでは時間を割くことができない。

② 難しくて非現実的(やろうとしてもできない)
　　上記の①と同様に、行うべき作業や成果物は理解しているが、メンバーの技術的なスキルがついていけず、結果としては不可能。

③ 前工程で決めるべきことが決まらない
　　あるべき姿として前工程で決められた事柄や成果物の記載事項が曖昧なため、作業に入ることができない。

④ やらなくてはいけないことが形骸化している

行うべき作業や作成すべき成果物が規定されており、メンバーも理解はしているが、作業自体の目的までは共有されておらず、フォーマットに沿って形だけを落とし込んだものになっている。

⑤ やらなければならないことを共有するのが難しい

行うべき作業や作成すべき成果物を、メンバーの一部は理解してい

Column

初太刀の面

匠の技とは別の話かもしれませんが、薩摩藩では幕末に、示現流という古流剣術とともに、太刀流や薬丸自顕流という剣術が下流武士の間に流行りました。同時代を生きた新撰組の近藤勇局長をして「薩摩者と勝負する時には初太刀を外せ」と言わしめそうです。

農民や下流武士は戦に駆り出されるなか、剣の奥義を習得する暇も力もなかったことでしょう。スキルの低い彼らが生き延びるための剣術とは、どのようなものだったのでしょうか。目の前の敵を倒さなければ倒されてしまうのです。どうしたか？

何でもできるようになるのはまずムリです。そこで、技は初太刀の面のみ、より速く剣を振り下ろすことのみに集中しました。単機能に絞って鍛錬したのです。初太刀を躱されたらおしまいだったともいわれていますが、この初太刀で敵を倒すことに集中しました。シンプルかつリスクを伴う剣術ですが、下級武士が実戦の場で生き延びるためには最善の策でした。

かたや、相対する新選組は、多数で敵を囲んで数的有利を作って戦うことを基本にしていました。これも1対1で戦える能力がある隊員を確保できない状況で、より隊を強くする最善の策でした。これはランチェスター戦略[*1]にも通じる策です。

私が本書で目指すのは、システム開

[*1] ランチェスター戦略では二つの法則が語られています。第一法則は「一騎討ち戦、局地戦、接近戦」です。第二法則は確率戦、広域戦、遠隔戦です。強者は第二法則を適用すべく戦うことにより勝利可能です。弱者が第二法則を適用していては、歯が立ちません。弱者が勝つには、第一法則を適用することです。局地戦に持ち込み、兵力を集中させれば、その局面においては兵力数を可能な限り多くして、勝利できます。

るが、プロジェクトで共有されていない。

　こんなところでしょうか。本書が目指すのは、上記①〜⑤を解決すべく、「匠の技なしに要件定義を可能とする」、この一点に尽きます。達人にしか使えない技は危険です。実戦の場に立つのは達人ばかりではありません。達人発の現場で苦しんでいる「匠」でも「達人」でもない凡人が、奥義を習得する時間がなくても、特別な才能がなくても、目の前の敵を倒す（システム開発プロジェクトを完遂する）ための、要件定義において有効なセオリーを説明することです。奥義を極め、1対1の勝負で勝てる達人には物足りないかもしれません。

　それでも、システム開発の現場は「市街戦」に近いと言えます。どんなに机上で計算しても、計算どおりにはいきません。そんな状況の下では、シンプルで、ある程度オーソドックスな考えの方が、わかりやすいが故に実戦に役立ちます。能力の低い人間でも、理解した上で活躍の場をつくることができます。

　高尚な理論を考え出して世の中に広め、システム開発プロジェクトの在り方を提言できたら素晴らしいですが、それは筆者の任ではありません。筆者にできることで、ITや情報システムの世界で役立つことは、ひとつだけです。今までベンダー側とユーザー側の両方で、システム開発の現場を生き抜いてきた経験から得た「目の前の敵を倒して生き残る」ノウハウを、セオリーの形にまとめ、「現場で苦しんでいる人を一人でも救い出す手助けをする」、これ以外にありません。筆者が著作の中で、難しい表現やモデルを極力使わないようにしているのはこういった理由によります。

　さらに、要件定義のスキルはSE・プログラマの経験を生かせば習得可能であり、一人でも多くのシステム屋に習得してほしいと筆者は願っています。本書がその入門編として活用しやすいように、極力平易な表現を心がけています。

　「シンプル」で「オーソドックス」な「わかりやすい」要件定義のセオリーは、必ずや市街戦を勝ち抜くノウハウとして役立ち、システム開発プロジェクトを成功に導くと確信しています。

ばかりが集まったプロジェクトがあるとしたら、単にラッキーだったにすぎません。たいていの場合は、達人もいるけれど、凡人が大多数を占めます。

　目の前の敵を倒さないと自分が倒されてしまうような、白刃や実弾が飛び交う真剣勝負の場で、凡人でも生き延びることができるためには何が必要でしょうか。やはり理論より実戦の場で有効な手段を優先せざるをえません。

　もちろん、理論をないがしろにする気は毛頭ありません。「理論あっての実践」です。達人の人達にも、理論的に納得のゆくものでなければなりません。でも、まずは凡人にとって、生き延びる手段とならなければ、何も意味を持たないのです。

　本書では、要件定義という実戦の場で、凡人でも生き延びることができるような術を説明していきます。

要件定義における成果物

　本書では要件定義の成果物を最小限に抑える方針を採ります。換言すれば、「最小の管理(成果物)で最高の成果を出す」ことを目指します。管理すべきものが少なければ少ないほど、より理解が深まり、管理が容易になります。理論的に正しくても、維持するのに労力やコストがかかりすぎては意味がありません。管理対象が多すぎると、すぐに陳腐化してしまうのです。何故なら、管理対象が多い成果物を、いつでも使えるようにメンテナンスし続けることは困難だからです。

　主要な成果物は、なるべく少数に絞ります。アーキテクチャの中でビジネスの動的側面を表すプロセスモデル(「業務」の視点からプロセスの手順を表したもの)、ビジネスの静的側面を表すデータモデル、動的側面×静的側面の交差点を表すCRUDマトリクスを中心に考えます。それに加えて、UIの仕様(画面遷移)とそれぞれの概要を定義したものがあればよいでしょう。それ以上多いと、システムの成長に合わせて維持メンテナンスし続けて「育てる」ことが難しくなります。

0.3 本書の構成

Theory of Requirement Definition

　この序章では、本書における要件定義の考え方を述べました。続く本篇の第1章では、「情報システム」と「要件定義」に対する筆者の価値観を明らかにします。

　第2章では、要件定義の目的、作業内容、成果物、留意点などを具体的に明らかにしていきます。

　第3章では、本来要件定義の前に済ませておくべき作業を説明します。

　第4章では、業務プロセス、画面UI、データといった設計対象ごとに、「概要から詳細へと」、要件定義を進める手順を説明します。

　第5章では、非機能要件について説明します。

　第6章では、必要となるアーキテクチャを明かにしていきます。

　第7章では要件定義内容の妥当性、合意形成について最後に説明します。

　以上の全編を通じ、要件定義でおさえるべきポイントを「要件定義のセオリー」として、「最小の労力で最大の成果」を発揮すべく、明らかにしていきます。

第1章

情報システムにおける要件定義

1.1 要件定義が果たすべき目的

1.2 要件定義の工程

1.3 2種のシステムと2種の案件

1.1

Theory of Requirement Definition

要件定義が果たすべき目的

本項では要件定義が果たすべき目的を説明します。「要求」の仕様を明確にして「要件」として整理することこそ、システム開発における要件定義工程の役割です。つまり要件定義では、ステークホルダーの合意をとりつつ、確定した要件を基に仕様を確定して、設計工程に速やかに移行できるようにしなければなりません。

表記法について

前章でも説明したとおり、要件定義を含む上流工程においては、様々な方法論を含むツールが選択肢となります。

例えば、表記法にUML (Unified Modeling Language)を使用した場合を考えてみましょう。UMLで表現するメリットには、設計・開発に至るまでの一気通貫が可能になることが挙げられます。デメリットとしては、ユーザーとの意思疎通がやや困難であることでしょう。また、使いこなせる技術者が限られる恐れもあります(昨今ではそんな心配は無用かもしれません)。

本書では「凡人でもわかる」モデル表記法を使用したいという思いが強いので、UMLの概念モデルを概念データモデルに、アクティビティ図を業務フロー図に置き換えて要求を明らかにし、要件の定義へと繋げていくことにします。要件定義を本書の方法で行っても、設計工程でUMLを使いたい場合もあるでしょう。そのときは、本書の「わかりやすいモデリング」からUMLに変換して、設計・実装工程へ繋ぐ形を採れば問題ない、と考えています。UMLの方が分かりやすい人は、もちろん最初からUMLを

適用した方がよいでしょう。慣れ親しんでいる表記法が分かりやすいのは当然です。

システムに近い思考の人には「慣れ」が許容されるでしょうが、その方面の知識に乏しい開発現場やユーザにも配慮しなければなりません。そもそも要件定義は、本来ユーザーの仕事であるとも言われます。難解な記述を避け、ユーザ企業のシステム担当者が要件定義を学ぶ際の入門編となることは、本書の目的のひとつでもあります。

仕様化と設計

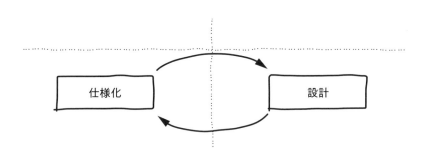

仕様化とは、要件に基づいて設計可能な状態とすることを示します。上の図のように、「仕様化」と「設計」は本来、別の工程に位置づけられます。本来であれば、「仕様化」は要件定義、「設計」は設計工程の作業です。当然、分けて考えるべきなのですが、実際には両者を断ち切るのは困難です。実際のところ、仕様を検討し設計していく工程は、シームレスにつながっている方が効率的です。後述する「アジャイル開発」は、このあたりの現実的な要請があったからこそ広く普及したといえるでしょう。

ただ、だからといって、「要求そして要件を、曖昧にしたまま設計を行え」というのではありません。どこまでの範囲を要求として整理し、要件として定義していくか、また、どこまでを設計とみなし、場合によっては実装を併行して行うのか、開発プロジェクトごとに解釈し決めていくのがセオリーです。

要件に要求をあわせる

時には、システム要件に、その他の要件を合わせる必要があります。例えばERP導入の場合などがその典型でしょう。システム要件を不可侵の要件として扱い、業務要件やビジネス要件等で要求を満たす必要が生じます。つまり組織変更、人員配置、業務見直し、取引先との折衝等です。

こういった場合、間違っても、システム要件以外で解決すべき課題を、システムでなんとかしようとしてはいけません。要求に合わせて何でもシステム要件に含めるようなことは、決してやってはなりません。そんなことをすれば、アドオン開発の山に埋もれることになります。そして、ERPをバージョンアップする都度、多大な費用を投じて再開発する羽目に陥ります。そもそも何のためにERPを導入したのかさえ、わからなくなってしまいます。ここでもトップの覚悟が問われるのです。

BABOKとの比較

BABOKとの比較で「要求」について見ていきましょう。BABOKとは、ビジネスアナリシス知識体系ガイド（A Guide to the Business Analysis Body of Knowledge）の略で、ビジネスアナリシスの知識体系をまとめたものです。

BABOKには「要求とソリューション」という考えがあります。ソリューションとは、組織のニーズを満たすための解決策を指します。要求とは、ソリューションを導き出す源であり、組織や関係者が求めるものを指します。

BABOKでは要求を次のように定義しています。

① 問題解決や目標達成のためにステークホルダーが必要とする条件または能力
② 契約、規格、仕様、規制などを満たすためにソリューションやソリューションコンポーネントが満たしていなければならない条件または能力

③ 上記の①または②にある条件または能力を文書化したもの

さらにBABOKでは、要求を、4つに分類して定義しています。

表 BABOKにおける要求

No	要求名称	BABOK説明箇所	説明
①	ビジネス要求	「エンタープライズアナリシス」知識エリアで定義	組織の目的および目標またはニーズを概要レベルで表現した要求
②	ステークホルダー要求	「要求アナリシス」知識エリアで定義	特定のステークホルダーや、その同種のグループが持つニーズについて表現した要求
③	ソリューション要求	「要求アナリシス」知識エリアで定義	ビジネス要求とステークホルダー要求に適合するソリューションが備えるべき特徴について表現した要求。特に情報システムをソリューションとする場合、機能要求と非機能要求がある。
④	移行要求	「ソリューションのアセスメントと妥当性確認」知識エリアで定義	現在の状況から、望まれる未来の状態へ円滑に移行するために、ソリューションが備えておくべき能力を表現した要求。一時的な要求で移行が完了すれば、不要になる。

　本書では「ビジネス要求」「業務要求」「システム要求」を分け、そして各要求のなかに機能要求と非機能要求が含まれる、という考えで要求を分類しています。若干名称は異なりますが、考え方には近いものがあります。「移行要求」に関しては、本書では「移行は非機能要件として整理する」とともに、「ToBeとAsIsの差異である」と考えているので、BABOKとは異なる部分があります。

　そしてBABOKにおける要求の状態とソリューションスコープとして、要求の種類（分類）と状態を以下のような形式で表現しています。

要求の種類と状態の表現

　　要求の分類［1つまたは複数の状態］

　　　　　　例・ステークホルダー要求［承認された］

上記は、しかるべき承認が得られた状態のステークホルダー要求を意味しています。このような表現は、要求の遷移状態ではなく、要求に対して行われた処理を示すために用いられています。

要求の「トレーザビリティ」
　「トレーザビリティ（追跡可能性）とは、依存関係や因果関係などを明確に説明する性質や状態のことを指します。」

　「例えば、情報システム開発で要件変更が起こった際、どの機能がどの要件に基づくものかが明確であれば、変更によって影響を受ける機能が特定しやすくなり、その後の作業が楽になります。これはすなわち、「要求とソリューションのトレーサビリティが確保されている状態」ということになります。同様に、ある要求の変更が別の要求へどのような影響を及ぼすか明らかにしておくために、要求間の関係を整理しておくことも重要になります。特にビジネス要求、ステークホルダー要求、ソリューション要求の関係を明確にしておくことで、最終的なソリューションがビジネス要求を網羅できているかを確認できます。」

　上記のようなBABOKにおける要求の考え方は、本書とさほどの相違点はありません。相違点を挙げれば、本書はBABOKに比べて、①分類の詳細度が粗い、②要求のステータスにより、特に「承認された」要求は「要件」とみなす、ことくらいでしょうか。つまり、要求と要件の関係性を明確に把握しておくことの重要性では、共通しています。

要件定義の前に…

　読者の皆さんに尋ねたいことがあります。まず、「そもそも要件定義では何をすべきかを、ユーザーに前もってきちんと説明していますか？」「ユーザーは何をするか理解した上で、要件定義工程に臨んでいますか？」「要件

定義の前に行っておくべき作業を理解していますか？ またその作業を、きちんと終了した上で要件定義を行える状況にありますか？」
　システム開発プロジェクトのWBS（Work Breakdown Structure）[*1]を見ると、当たり前のように「要件定義」という工程がスケジューリングされています。しかし、WBS全体の工程に関して合意する際に、「要件定義という工程では何をすべきか」について、ユーザーと合意しているのでしょうか。内容について合意せずに、「手戻りが生じてしまった」云々と言い訳するのは、そもそも問題を自ら作り出しているようなものです。

　ユーザーは、「この何も具体的な形のない段階で何故、仕様を確定しなくてはならないのか」を理解しているのでしょうか。そして後々の工程で、要件定義において決定した事項が覆ることにより、どのような影響があるのかを理解しているでしょうか。理解していないユーザーは、そもそも工程で行うべき作業内容を理解していないために決断できないであろうし、逆に理解しすぎているユーザーは、怖くてなかなか決断を下せないといったケースも見受けられます。いずれにしても、明確な合意形成は困難であるということになります。

　こういったことの積み重ねが、アジャイル開発の採用に拍車を掛けているのでしょう。つまり要件定義の段階で、そもそも紙芝居のようなプロトタイプと機能概要だけで、仕様を決められる訳がないし、この段階ではやりたいことが詳細まではわからない場合がほとんどだろう、という考えが根強いのです。

　このことは、仮にウォーターフォール型のプロセスを採用していても、実際のところは、ある程度の反復を認めたよいことを意味しています。厳格なウォーターフォール論者の方には怒られそうですが、これが現実です。そして反復の際には、設計段階で変更が生じた事項について、要件定義で

[*1] WBS（Work Breakdown Structure）とは、プロジェクトを完遂させるのに必要なすべての作業を分割可能な単位に細分化していき、ツリー構造で表す手法のことです。

決定した事項にまで遡って、修正するのがセオリーです。つまり、遡ってトレースできる仕組みが必要になります。

トレース可能な工程の考え方

　本書では、工程が進むにつれて、成果物を概要から詳細へと深堀りしていきます。そうすれば、成果物のトレースや整合性チェックが可能となり、後から変更が入った場合にも、前工程の成果物に遡って修正を加えることができます。そして詳細の変更が概要に影響を与える場合に限り、遡る、つまり「前向きな手戻り」を行うことになります。

　以上を前提としたとき、要件定義で行うべき事項とは何でしょうか。そして、要件定義のそもそもの目的は何でしょうか。

　筆者は、「まずは開発対象システムの目的の明確化。それも業務視点で、必要性をきちんと議論。その上で目標を定めるべき」と考えています。場合によっては、詳細の検討は設計・実装フェーズにて行えばよいのです。要件定義で詳細まで詰めてしまうと、手戻りが生じた時に遡るのが困難になるという現実もあります。もちろん、詳細まで要件定義で明確になるのが理想であることは間違いありません。

　開発手法がウォーターフォール型であろうと、アジャイル型であろうと、基本的に要件定義で行うべき作業は変わりません。それよりも、開発プロジェクトごとに変わることがあるのです。

要件定義の範囲

　本書のまえがきでは「世の中にある様々な色合い」と表現しましたが、要求分析・要件定義は「様々な色合い」のアナログの情報を、0と1のデジタル情報に落とすための方向性を固め示す工程だと言えます。

　では、どこまでやることが「要件定義」の範囲なのでしょうか。これに対

する回答は、前述したとおり「プロジェクトにより異なる」としか言えません。回答になっていないですね。但し、確実に言えることがあります。「その時点で必要とされる工数の規模感が把握可能であり、見積もり可能なレベルは必要」であるということです。

前述のとおり、必要とされる見積の詳細度は、プロジェクトにより違ってきます。逆に、要件定義段階で必要とされる工数の見積りがどのレベルか、その詳細度によって、要件定義にて行うべき作業を決定すると良いでしょう。

氷山の喩え

「氷山の一角」という言葉があります。表に見える部分は、全体のわずか8分の1に過ぎず、残りは水面下に沈んでいます。その氷山の一角だけで、見えるはずのない水面下を含む氷山全体の威厳を保っています。

このことを「要求」と「要件」の喩えとしてみます。要件として実現されている8分の1で、残りの8分の7の要求を満たさなければ、氷山の動きの威厳を保てない、ということになります。1対7の比率は当然プロジェクトごとに異なるとしても、圧倒的な数の要求に対し、絞り込み、練り込んだ要件で、システム、そしてシステムを使用するビジネスを成り立たせなければなりません。

では、水面下に沈んだ8分の7の「要求」をすくい上げて、要件としてま

とめ上げるには何が必要でしょうか。

ビジネス視点・業務視点を忘れない

答えは、要件定義において、ビジネスや業務からの視点を外さないことです。ITを活用することが前提の情報システムであっても、この段階で技術用語の連発はNGです。あくまでビジネス、業務の視点からシステムの要件を整理し、設計を含む後工程に繋げていく必要があります。

そして、ITシステムの向かうべき方向をビジネス視点・業務視点で定め、今回整理された要件との間で整合がとれているかを明確にする必要があります。

果たすべき目的とは？

要件定義の目的とは何でしょうか。筆者は次の2点に集約されると考えています。

- 「やるべきこと」と「そのために必要なこと」を明確にすること。それは合意可能かを確かめること。
- 要件を「設計へ移行可能な状態」にすること。

この2点です。当たり前のことですが、これらが明確にならないうちに「設計」に入るのは危険です。このことはウォーターフォール型開発だろうがアジャイル型開発だろうが、開発手法にかかわらず普遍です。

BABOKとの比較

さきほどの要求に続いて、要件についてもBABOKの解釈を見ていきましょう。

BABOKには、「求められている『品質』とは、要件の充足度を指している」とあります。そして「要件とは、情報システムを導入する目的に基づいて システムの仕様を具体化したもの」と定義しています。さらに、高品質の情報システムとは、組織の目的達成への貢献度が高い情報システムのことを指すとも謳っています。

　そのうえでBABOKは、「要件定義」を以下のように定義しています。

- 要件定義フェーズでは、業務分析の結果やシステム構想書を踏まえ、構築すべきシステムの仕様を具体化していく。
- 業務内容やユーザー企業の要求、したがわなければならない制約を明らかにした上で、情報システムとして実現できる程度の詳細度まで分析・具体化を進め、「要件定義書」としてまとめる。
- またその作業と並行して、システム要件を実現するために最も適した技術要素の選択肢を検討し、構築対象となるシステムのアーキテクチャを大まかに設計し、「アーキテクチャ概要設計書」としてまとめる。

　まさに本書で繰り返し述べているように、要件定義における方向性の明確化が大きなポイントになるのです。要件定義が目指すところは、情報システムの価値を最大化するために「やるべきことを明確にする」ことです。

1.2 要件定義の工程

Theory of Requirement Definition

システム開発全体の中での、工程としての要件定義の位置付けを考えてみましょう。

ウォーターフォール型開発における要件

ご存知のように、ウォーターフォール型開発では「業務分析」「要件定義」「基本設計」「詳細設計」「実装」という工程を、水の流れのように一方向で行っていきます。一方向が原則とはいえ、大前提として、工程を考える上では反復を想定して、「要求→要件→設計→実装のトレーサビリティを可能にすること」を考慮すべきと筆者は考えています。そのためには、少なくとも「要件定義」においては、開発対象のシステムについて「大枠の方向性と規模が具体的に明確になっているレベル」でなければなりません。

「手戻りを認めてはウォーターフォールではない」、「設計工程での要件定義書の修正は現実的ではない」という意見もあります。しかし、変更の発生時に、要件の変更を遡って反映できるようにしておくことは、システム開発の工程全体の整合性を担保する上で欠かせません。一般的にもウォーターフォールと反復型のハイブリッドという現実解が定着しつつあります。実際に行うかどうかは別にして、あえて、ある程度の手戻りがあっても対応可能なようにトレーサビリティを高めておくことにより、要求・要件・設計・実装の整合性を保つのがセオリーです。

結果的に手戻りを認めない理由は、コストが高くつくからに尽きます。要

件定義の不備を要件定義中に解消する場合と、設計や実装・テスト段階に解消する場合のコストを比較すれば、違いは一目瞭然です。但し、「手戻りしたくない」と頑迷に思い込むあまりに、90点の要件定義を100点にするために工数をかけて、人件費と期間の利益を喪失するくらいなら、むしろトレーサビリティを確保する仕組みを作って設計を進めた方が得策なのです。このことは「手戻りコストを抑制する」というウォータフォール型開発の理念と相反するものではありません。

「手戻り」と反復～なぜ反復を可能とするか？

　本書では、ウォーターフォール型開発を採用する場合にも、必要であれば、ある程度の反復開発は認めるという立場をとっています。なぜ、そんなことを考えるようになったのか？　それは、ウォーターフォール型開発においても、「要件の確定」だけではなく、システム開発プロジェクトの「時間軸」を考慮する必要があると考えるからです。

　「要件定義がきちんと終わらないうちは、次工程に進んではいけない」とは、もっともな意見です。しかし、終わらないからといって、いつまでも時間をかけていいということにはなりません。要件の妥当性を合意するために、工数が超過していいはずがありません。そうした場合には、要件として確定すべき範囲を狭めて、次工程に進むしかありません。時間がかかりすぎて、時間軸が狂ってしまったら、要求が陳腐化し、完成した時には使い物にならない恐れもあります。さらに前述したとおり、結果的にコスト高になります。

　アジャイル型の開発は、ウォーターフォール型へのアンチテーゼとして成立した経緯があるので、時間軸の問題は解消していますが、大きな要求が変更された場合には、イテレーション（反復）よりも以前に遡る必要が生じます。

　いずれの場合も重要なことは、「実装段階にあっても、要求→要件→設計→実装のトレースがきちんととれていること」であると筆者は考えていま

す。トレースできないシステムは、ライフサイクルが短くなる恐れが大きいでしょう。逆に、システムライフサイクルより重要なもの（ビジネス貢献）が優先されるならば、トレーサビリティは必要ないでしょう。これは時々、コンシューマー向けシステムに見受けられます。リリース時点のビジネス価値を最大化することを目的とし、システムライフサイクルより優先するという考えです。

仮にそうだとしても、当初の開発の目的は、保守フェーズに至るまで明確であることが望ましいでしょう。そもそもの目的や方向から外れた修正を防ぐためにも、トレース可能な環境構築は必要であると考えます。

手戻りについて

ウォーターフォール型開発において「手戻り」は、特に避けるべき事項として認識されています。そもそも手戻り云々を嫌ってアジャイル信仰が広まっていった歴史があります。アジャイル派の意見としては、「そもそも仕様確定を手戻りなしで行うのは不可」というところだと思います。実は、筆者も同じ感想を持っています。

しかし、読者の皆さんは本書について、「ウォーターフォールに近い要件定義手法を推奨している」と感じていないでしょうか。それには理由があります。まず基本形を押さえた上で「崩す」、基本を踏まえた上でカスタマイズ可能なやり方が万能であると、確信しているからです。

システム開発は様々な局面に遭遇します。まず基本をふまえた上で、どんな開発手法を使おうと、ある程度の手戻りは起こりうると覚悟し、各工程にて反復を可能とする必要がある、という考えを持っています。

アジャイル型開発における要件

アジャイル型開発における要件の位置づけを考えてみましょう。

アジャイル型開発でも、要件の考え方はいくつかあります。「要件までは確定した上で反復を行うべき」、あるいは「要件定義も繰り返しの中で行うべき」、大きくはこの二つでしょうか。

前者はエンタープライズ系に類するシステムや、外部連携を伴うシステムとの親和性が高いといえます。エンタープライズ系システムにおけるアジャイル型開発適用の現実解といえるかもしれません。その場合、「要件定義の後半」から「実装」までを、イテレーションの中で行っていきます。

後者は、単独で動くシステムや、仕様変更が他システムへ影響せず、現場で仕様を確定できるシステムとの親和性が高いといえます。その場合、ある程度の前準備の後(この作業を要件定義と呼んでもいいかもしれません)、繰り返しの中で、本来は要件定義工程で行うべき作業を行っていきます。

では、要件の修正を、どのようにして反映させるべきでしょうか。前者の場合、操作レベル(ユーザービリティの改善)や項目追加ならば、即時に修正は可能でしょう(これはウォーターフォールでも同じです)。ビジネス要件レベルの変更ならば、要件をもう一度明確にする必要があります。

後者の場合、何でも対応可能なように見えますが、現実には全体性を見失う危険性を伴います。大きな変更については、ある程度の枠組みをきちんと定めた上で、繰り返しを実施するのが現実的です。

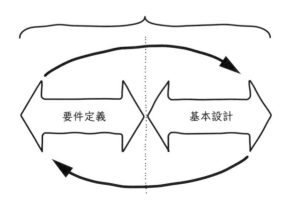

ウォーターフォール型でもアジャイル型でも、ビジネス要件レベルの修正が生じた場合には、要件定義をきちんと再考した方が却って近道になります。

　逆に考えてみると、要件定義は、後から遡って修正できるレベルで留めておかないと、仕様変更なんて無理という話です。要件定義で仕様確定を目指すあまり詳細の議論に入り込んでしまうと、当然のことながら修正は難しくなります。

2種の開発手法における要件定義

　ウォーターフォール型開発とアジャイル型開発における要件定義の違いを比較してみます。なお、ここでのウォーターフォール型には、「反復型」つまり、ウォーターフォール型を基本としつつも、ある程度の反復を認める開発手法を含めます。

　上記ウォーターフォール型の場合、要件定義では機能レベルあるいはプロセスの機能（概要）レベルまで定義します。プロジェクトによっては、業務プロセスの定義、機能の仕様確定までを行います。

　アジャイル型開発の場合、要件定義で行うべき作業は基本的には変わりませんが、そもそも「アジャイルは新しい価値を生み出すプロセスであり、要件は固まらないもの」という前提に立っています。それでも最低限の要件（方向性と制約）の明確化は必要です。機能分割可能な状態まで持っていく必要はあります。まず方向性を検討し、その上で、真の要求はアジャイルで設計と共に行います。

　開発手法により、必要とされる要件定義の「粒度」が異なることがありますが、基本的には相違がない、と考えています。あくまでシステム開発の目的、方向性を明確にし、機能を想定可能とする状態です。

リポジトリ

　リポジトリとは、システム開発プロジェクトの関連情報を集約するデータベースです。開発手法を問わず、リポジトリを活用できる環境があるなら、積極的に使用すべきです。影響度分析が容易におこなえることにより開発プロジェクト全体の生産性を大きく引き上げることになります。リポジトリを活用しない場合でも、成果物同士の関連は把握可能にしておかなければなりません。ウォーターフォール型開発の場合、「どこを直した時には、どこも直さなければならないか」といった影響度を明確にしておくと、手戻りを極端に恐れる必要がなくなります。アジャイルの場合にも、各繰り返しの中で行う修正が、全体の中でどのような影響を及ぼすのか明確になり、全体の整合性の確保とともに、品質の向上につながります。

工程の考え方

　アジャイルにおける工程の考え方は、大きく二つに分かれます。右上の図において、①は、ある程度の前準備は行うものの、いきなり繰り返しに入るパターンです。同じく②は、要件定義の前半部分をきちんと行ったうえで、繰り返しに入るパターンです。本書では②を推奨します。

要件定義と基本設計の工程

　「要件定義」と「基本設計」は、一般的には別工程と考えられています。この2つを分ける必要があるのは、工程終了時点での見積りが必要になるからです。しかし実際には、分けて作業を行うと、確実にコストが上がります。その主因はコミュニケーションコストです。

　工程を分けるとほとんどの場合、工程ごとに違う人間が実施することになり、作業重複が生じます。例えば設計工程での要件の確認、用語やルー

本書における一般的な工程の考え方（アジャイルの場合）

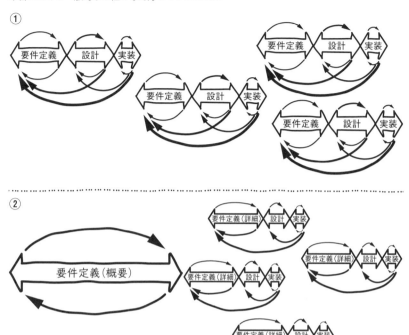

ルの確認、項目仕様等について、高いレベルのコミュニケーションが必要になります。極力コミュニケーションを円滑にして、ダブリ作業をなくす必要が生じます。

　実際には一気通貫で、要件定義と基本設計を続けて行った方が、効率は抜群に良いのです。問題は先ほど述べたとおり、その時点で求められる見積のレベル次第ということになります。システム開発プロジェクト全体のために果たしてどちらが最善か、検討の余地はあります。

1.3 Theory of Requirement Definition

2種のシステムと
2種の案件

2種のシステム形態

　本書では、開発するシステムの形態を以下の2種類に分類して、各々における要件定義のあり方を説明していきます。2種のシステム形態の違いは下の表のとおりです。

表　2種のシステム形態の違い

システム形態	想定ユーザー	使用動機	ユーザー数	優先事項
エンタープライズ系システム	社内外の特定業務担当者	業務ルール	小	信頼性
コンシューマー向けシステム	不特定多数のお客様	お客様の任意	多（想定困難）	俊敏性

　「エンタープライズ系システム」とは、所謂基幹業務系システムを指します。ユーザーは特定の人に限られ、それぞれ特定の業務を目的としてシステムを使用します。個々のユーザーには使用の可否を決める権限はありません。何より信頼性を最重要視し、システムライフサイクル全般にわたり、システム投資の価値を最大化していきます。

　「コンシューマー向けシステム」とは、ネット通販サイトのように、不特定多数のユーザーが直接操作するシステムを指します。ユーザーは一般消費者などですから、使用義務はありません。ビジネス価値と直結しているシステムがほとんどであるため、リリース後も、その時点でのビジネス価値

を最大化することにより、システム投資の価値を最大にしていきます。お客様の嗜好に合わせ続けるために、何よりも俊敏性が求められます。時にはシステムサイクルを犠牲にしても、その時点でのビジネス価値を優先することがあります。

便宜上2種類に分類しましたが、最近は両者が連動し、システム融合も進んでいます。例えば、ECサイトの売上・販売データを基幹系に連動させ、BI等の分析系システムで活用するケースを頻繁に見かけるようになりました。また、従来からある銀行のATMや交通機関の座席予約システムのように、元々は従業員が操作していたエンタープライズ系システムだったものが、不特定多数のお客様の使用に耐えられなければならない状況が当たり前になりました。さらにWebシステム、IoT、AIの発展が重なり、エンタープライズ系とコンシューマー向けシステムの融合は一層加速しています。

こうしたことから、相違点を意識しつつ、普遍の原則を理解することは、開発者やユーザーがどちらのシステム形態に深く関わっているかにかかわらず重要なことです。

ところで昨今、SoR・SoEという言葉をよく耳にします。SoEは「Systems of Engagement」の略で、直訳すると「約束・誓い・思い入れのシステム」という意味になります。マーケティング用語に置き換えれば「絆・つながり・関わりのシステム」と捉えることができます。SoRは「Systems of Record」の略で、直訳すると「記録のシステム」、つまりは従来の基幹業務システム全般を指します。「エンタープライズ系」と「コンシューマー向け」という本書の分け方と、ほぼ同義と言えるでしょう。本書での呼び名に違和感があれば、SoE・SoRと読み替えくださっても問題ありません。

プロジェクトの考え方次第では、システム形態の違いによって、要件定義のやり方が異なる場合があります。システム形態により要求の深さが異なったり、開発手法が違ってくる場合があるからです。

新規開発案件と修正案件

　新規開発の案件と、システム修正(改修、更改)プロジェクトの場合でも、要件定義で行なうべき作業は異なります。また、一口に「修正」といっても、程度の差があります。

① **ビジネス要件の変更に伴うシステム要件の追加・変更**
　プロセスの観点からは、サブシステム単位の追加・変更が生じる場合があります。データの観点からはマスター(リソース系)レベルの変更が生じる場合があります。場合によっては新規とさほど変わらない規模・レベルの修正が生じます。

② **業務要件の変更に伴うシステム要件の追加・変更**
　プロセスの観点からは、業務プロセスの追加・変更と共に業務フローの追加・修正レベルの修正が生じます。データの観点からは、トランザクション(イベント系)の追加・変更が生じる場合があります。

③ **システム要件の追加・変更**
　非機能および機能／UIの追加・修正レベルの修正が生じます。

　また、新規開発で業務改革を伴うときは、ToBeモデルを中心にしてAsIsモデルを検証しますが、システム修正案件で業務改善を行う場合も、やはりToBeモデルからAsisモデルへの検証という流れは変わりません。但し、AsIsモデルの比重が大きくなり、結果的にAsIsモデルを修正する形に落ち着くことがあります。特に「現行踏襲」の場合は、予算の都合で最低限のことしかできない場合があるので要注意です。

　こうした修正の程度によって、当然、行うべき作業は違ってきます。本書では2種のシステム形態とともに、新規開発か修正かというステータスの違いを意識して、要件定義のやり方を説明していきます。

第2章

要件定義の基本方針

2.1　抜けのない要件定義を目指す

2.2　UXを整理しよう！

2.3　アジャイルにおける「要件定義」

2.1 Theory of Requirement Definition

抜けのない
要件定義を目指す

最新の要件定義を行う際に留意すべきポイント

今日、ITを使った情報システムのアーキテクチャは多様化しています。そうした状況の中でシステムを開発する際に考慮すべきポイントは、(少なくても)以下の5点であると筆者は考えています。

① クラウド
② UX
③ アジャイル
④ BABOK
⑤ データマネジメント

上記の5点は、対象範囲があまりに違いすぎて、そもそも同列に並べるべきではないかもしれません。ただ5つとも、これからのシステム開発にかかわる人であれば、要件定義を行う上で頭の片隅に置いておくべきキーワードです。キーワードということでは、昨今は「IoT (Internet of Things)」「AI (Artificial Intelligence)」も上記に加えるべきかもしれません。

上記の中で、筆者は特に⑤データマネジメントの重要性に注目しています。データマネジメントの知識体系であるDMBOKでは、データマネジメントについて、「データと情報資産の価値を獲得し、統制し、保護し、提供し、向上させるためのポリシー、実践、プロジェクトについて計画を立て

て実行すること」と定義しています。

データ管理はシステム開発だけでなく経営レベルで取り組むべき課題ではありますが、当然、「経営を支援するITを活用した情報システム」の開発段階から考慮すべきです。そして要件定義においては、後述する「データ要件の明確化」により、より良いデータマネジメントを可能とする基礎固めを行います。

データマネジメントの重要性

DMBOK(Data Management Body of Knowledge) Guideは、DAMAインターナショナルが編纂した、データマネジメントに関する知識体系のことです。そこには、組織が継続的なデータマネジメントを推進するに当たって必要となる考え方や組織体制、管理機能、用語、ベストプラクティスなどがまとめられており、次のように提言しています。

「品質の高いデータを持たずして成果をあげられるエンタープライズは存在しない。組織は今日、より多くの情報を収集し、より有効な意思決定を行うため、自らが保有するデータ資産に頼っている。」「組織がデータを求め、データへの依存度が高まる中で、データ資産のビジネス的価値の認知度はより一層高まることだろう」

データマネジメントは、システム開発プロジェクト単位に行うものではありません。エンタープライズごと、企業組織単位で行うべきですが、個々の開発プロジェクトでもきちんと意識しておかないと、データマネジメントの運用に悪影響を及ぼします。

情報とは、データに意味付けしたものです。情報システムはデータの正しいやり取りを可能にしなければなりません。それゆえに、情報システムの価値は、そこで生み出されるデータの価値で決まります。つまり、データマネジメントの実施が、情報システムの価値を高めるのです。そのデータマネジメントを実現可能とする仕組みこそ、情報システムが目指すべき姿で

あり、対象の開発プロジェクトで意識すべき事項です。開発し、完成した情報システムが創出するデータの価値を最大に高めるべく、要件定義の段階から心掛けるべきです。そのためには、データマネジメントの観点から、最適なデータを生成し参照しうる環境を構築すべく、意識を高めていく必要があるのです。

データマネジメントが有効に作用するために、特に重要なのは「データガバナンス」です。データガバナンスとは、データの標準化を徹底することにより、統制を図ることです。言い換えれば、データの品質向上やセキュリティ確保、データインフラの整備等といったデータマネジメント全体の管理体制の構築を意味します。データマネジメントを計画・監視・執行する役割を担います。

特にデータモデルは、「データガバナンスを効かせ続けることができるシステム」を支えるものでなければなりません。新規開発ではこの点を強く意識し、修正案件の場合も可能な限り意識しましょう。データモデルを作成することの重要性をきちんと理解しましょう。

情報システムの使命

情報システムとは、「適切な時に、適切な人が(場所で)、適切な(品質)の情報をinput(入力)することにより、必要な時に、必要な人(場所)へ、必要な(品質)の情報をoutput(出力)する」ために存在します。

この使命を実現するには……図のように、システム開発においてアーキテクチャを定義し、その定められたアーキテクチャの基盤の上で、「データ」と「業務プロセス・機能」、そしてその交差点をきちんと管理する必要があります。

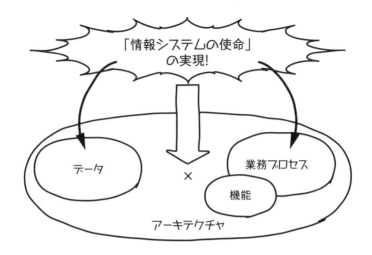

　アーキテクチャの重要性は昨今、ますます高まっています。そして今後も高まることはあれど、下がることはないでしょう。
　では、データ、そしてプロセスはどうでしょうか。この二つの重要性はおそらく永久に不変でしょう。データとプロセスの関係性が良好であれば、ビジネスはうまく回っていきます。データとプロセスの良好な関係を表すと下の図のようになります。

盤石のデータ基盤の上にプロセスを定義

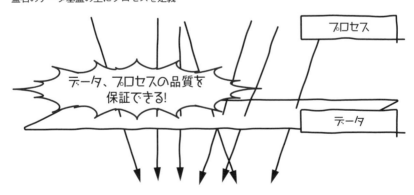

盤石なデータ基盤を更新するプロセスは、必然的に品質が高まります。プロセスを支援するアプリケーションも、シンプルで保守性が高まります。つまり、品質の高い「データ」と品質の高い「プロセス」が、両輪のようにお互いを支えながら、双方の品質を高め保ちます。

　では、うまくいかなかった場合を考えてみましょう。データとプロセスの最悪の関係を表すと下の図のようになります。

データ基盤がめちゃくちゃなままプロセスを定義

　ぐちゃぐちゃのデータ基盤を更新するプロセスは、複雑なばかりで品質を担保できません。当然、プロセスを支援するアプリケーションも複雑怪奇なものになります。つまりデータ、プロセスともに、品質を保証できないことになります。

　システム開発の現場は「プロセス」と「機能」の議論に終始しがちですが、「データ」の本質を早期に捉え、品質を確保すべく、要件定義段階からきちんと検討するのがセオリーです。つまり「データ」の方向性を早期に明確にし、更新する「プロセス」の方向性を早期に明確にすることにより、品質の高いシステムが出来上がるのです。そのためにデータ要件が、要件定義の中でも重要性を増していくことでしょう。

要件定義から整合性を検証する

　要求、及び要件同士の整合性を検討する上では、各要求→要求、要求→要件、各要件→要件の各工程の整合性がとれているか、がポイントになります。最終的には、ビジネス要求、業務要求、システム要求とシステム要件の整合性がとれていることが条件になります。

　そして要件定義において、これらが可能となる方向性を明確にすることにより、大きな「手戻り」を防ぐことができるのです。

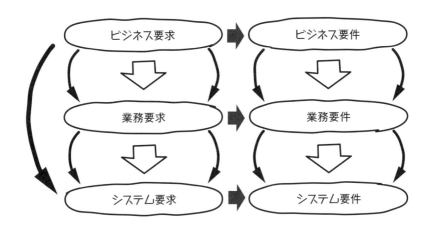

Column

ソフトウエアの特性

アプリケーションソフトウエアには、建物建築や他の構造物とは異なる特性があります。それは極めて「柔軟性」が高いことです。

建物は一度建てたら容易に変更できませんが、ソフトウエアは建物に比べて柔軟に変更できます。システム開発は、このソフトウエア独特の利点を活かすように計画を立案し、実行することで、特性を受け入れ、変わり続けるマーケットに対して最良の対応が可能となります。

この柔軟性をきちんと機能に反映させなければ、ある調査のように「50％以上のソフトウエアが全く使われていないか、意図したビジネス目標に応え切れていない」という、開発者にとって悲しい結果を招きます。

それでも、要件定義の段階で「ビジネス目標に応えるソフトウエア」が明白にならない場合も多々あります。その場合は「ビジネス目標と一致した」「筋の通った」シンプルな機能を定義しておくことです。

いずれにしても、ソフトウエアの機能を考える際には、ソフトウエアの特性を常に頭に入れておく必要があるのです。そしてソフトウエアの一形態であるUI、機能も例外ではありません。

Theory of Requirement Definition

UXを整理しよう!

UXの観点

　UXという考えがあります。UXはユーザーエクスペリエンスの略であり、UIの概念よりも広い意味を持ちます。つまりユーザーの体験や満足といった全体を意識することを意味します。では、体験をデザインするとはどういうことでしょうか。また、要件定義においては、どのようなことを意識する必要があるのでしょうか。UXと要件定義、一見関係がなさそうですが、実はシステム開発において、特にこれからは、とても密接な関係にあると考えた方がよいでしょう。

　具体的には、「情報システムを含むサービス(該当の製品)が、どのようにふるまい、動作し、人と触れ合うか」を、システム開発の立場から明確にすることになります。

　昨今、UXの観点から商品やサービスの価値を評価する動きがあります。サービスの価値はイコール、ビジネスの価値を意味します。ビジネスを支援する情報システムも例外ではありません。特に不特定多数のお客様の目にふれ、操作してもらう必要のあるコンシューマー向けシステムにおいては顕著です。コンシューマー向けシステムの場合、UXの価値イコールシステムの価値と見なされる機会が増えました。「楽しさ」「心地よさ」がシステム価値を左右するのです。

　エンタープライズ系システムにおいては、エンドユーザーの想定がたや

すいため、コンシューマー向けシステムほど意識する必要はありませんが、社内の業務担当者の置かれた状況を考慮してユーザーシナリオを分析することは、ますます重要になってきています。また前述した通り、昨今のコンシューマー向けシステムとエンタープライズ系システムの融合により、UXを無視する訳にはいかなくなりました。エンタープライズ系システムでも、UXの観点はますます大事になってきています。

つまり、システム形態にかかわらず、開発プロジェクトの早期、上流工程においてUXを意識する必要が高まっているのです。要求から要件を明確化する要件定義において、開発対象のシステムをUXの観点から見直すことにより、方向性が明確になります。

極論かもしれませんが、UXからユーザーシナリオ（プロセス）を抽出し、データとの整合性がとれる仕組みこそ、ユーザーにとって納得性が高い（つまり合意しやすい）システムなのです。それを実現するような、開発者とユーザーが並走できる開発体制と開発工程が求められます。

UXの観点から要件定義でやっておくべきこと

UXとは「モノ」ではなく「コト」のデザインであるという人もいます。UXはUI、ユーザービリティを含む広い概念でもあります。用語の定義においてUXを意識するということは、何もいきなりUIの話をするということではありません。UXを想定して「快適な」UIを作り上げていく道筋を明確にするのです。あくまでUXからユーザーシナリオを導き出してUIを想定していきます。決して逆ではありません。また、UXはシステムを利用しているそのときだけの価値を対象としているわけではありません。システムの使用前後も体験に含まれます。いやむしろ、システムはほんの一部である、と考えた方がよいかもしれません。

UX白書に記されたUXの時間的拡がり

＊『Web制作者のためのUXデザインをはじめる本』掲載の図を参照し、
https://site.hcdvalue.org/docs 掲載の図を加工・編集。

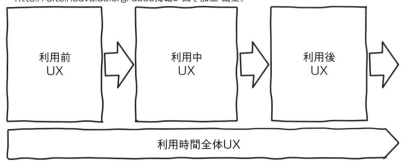

　システム使用前後、つまりECサイトで購入する場合であれば、購入前、購入後のUXを考慮した上で、該当システムのUIに落とし込む必要があることを意味します。そのためには、後述する「ペルソナ」を、きちんと作成して検討する必要があります。

　エンタープライズ系システムにおいても、業務従事者がシステム使用前・後にどのような行為を行うかを考慮します。

　UXを基に、後述するプロセスモデルとしての業務フローを考える場合、例えば、「注文」であれば、注文前・注文後まで考え、必要な業務プロセスをあぶり出すことがセオリーです。

　要件定義では、いきなりUIの検討に入るのではなく、先にUXを考え抜く必要があります。業務フローを考えるときも、システム使用前後のフローを包括すべきです。このことは、UXを実現するためのプロセスモデル（業務フロー）から、プロセス定義（5W2H）へ落とし込み、5W2Hを満たす機能とUIを得ることと同義です。

ペルソナ

　ペルソナとはサービスを利用する典型的ユーザーの人物像を具体的に描

き表したものです。コンシューマー向けシステム開発においては、きちんと作成して厳密にUXを想定した方がよいでしょう。ペルソナはできるだけ事実に基づいた情報を基に作り、想定ユーザーの顔が想像できるレベルまで持っていきます。共有できるレベルまでキャラクターを掘り下げるのです。

エンタープライズ系システム開発の場合、想定ユーザーが限定され、既に「顔」がわかっているのであれば、作成する必要はありません。但し、システムを実際に操作するユーザーのイメージはきちんと把握しておく必要があります。

いずれの場合においてもお客様・ユーザーの「顔」を明確にして、データ・プロセス・機能・UIの各要件に反映していくことが重要です。

そしてUXを要件定義に活かすには、前後を考慮した上で、その「顔」が操作するUIが、UXにどう影響を与えるかを考慮します。これによりユーザービリティを含む非機能要件、UIにおけるデータ操作、プロセス定義が明確になってきます。要件定義は、開発対象のシステムの方向性と範囲を明確化することにほかなりません。UXを意識することで、より方向性と範囲が明確になってきます。

カスタマジャーニーマップ

「カスタマジャーニー」とは、「ユーザーの体験全体」のことです。

コンシューマー向けシステムの場合は、体験全体を可視化するために、ユーザーシナリオとしてのカスタマジャーニーマップの作成を行うことにより、ユーザーの理解が一層深まります。後述する画面遷移と併せて、要件定義の段階でラフなカスタマジャーニーマップを作成し、UXをシステムに落とし込んで、要件の確定に役立てましょう。

上記、ペルソナがどのように動くのか想定し、時系列に並べた上で作成していきます。「こんな風に動いてほしい」というユーザーの思いがわかればOKです。

要件定義におけるUXの重要性

　UXからユーザーシナリオの大枠を導き出し、業務プロセスの固まりである業務フローを作成します。業務フローから個々の業務プロセスを抽出し、業務プロセスにとって必要なUI・機能を洗い出すことが可能になるのです。つまりUXを明確にすることにより、必要なUI・機能が明確になるのです。

UXを基にしたUIの実現

　要件定義の後、設計・実装する際にペルソナを想定し、快適に操作可能なUIを作成し、7割完成時点で実装することを目標とします。リリース後、ユーザーの実際の評価を基に完成品(10割)を仕上げていきます。いずれにしても最初から完璧を求めないことです。

　本書では、UX体験に基づいて必要な非機能／機能を洗い出すのために、UIの検討を要件定義段階で行っていきます。

Theory of Requirement Definition

アジャイルにおける「要件定義」

アジャイル型開発における要件定義

　昨今、ユーザー要求を迅速にシステムへ反映するためにアジャイル型開発を選択するプロジェクトが増えています。これは迅速性に欠ける(と思われている)ウォーターフォール型開発へのアンチテーゼかもしれません。

　アジャイル型開発における要件定義とは、どうあるべきでしょうか。筆者のあくまで私見ですが結論を述べます。

　「ウォーターフォールだろうがアジャイルだろうが、要件定義で行うべき作業は基本的に変わらない」。「要件定義で行うべき作業の内容は、開発手法ではなく、プロジェクトの考え方や状況による」です。

　「アジャイルでは設計しない」という声を聞きますが、間違いです。ドキュメントの作成を目的としないだけであって、アジャイルでも設計は行います。要件定義についても同様です。だた「要件」といっても、個々の詳細な仕様まで要件として明確化することは、アジャイルの精神に反しますし、そもそもアジャイルを適用した意味もなくなってしまいます。それでも、方向性・目的・概要は早期に明確にする必要があります。これはどんな開発手法を用いようが不変です。アジャイル型開発では、要件定義・設計・実装・テストを同じメンバーが担当することが多いので、次工程の担当者に引き継ぐドキュメントが不要なだけです。

　アジャイル型開発を採用する場合も、特にエンタープライズ系システム

との融合を前提とした場合は、方向性・目的・概要までを要件定義フェーズで捉えた上で、要件の詳細化・設計・製造フェーズをアジャイル型で実施するのがよいでしょう。つまり機能分割可能なレベルに落とし込む作業は、前もって行う必要があるわけです。

最初から何がなんでもアジャイルでやろうとすると、プロジェクトが収斂しなくなる恐れがどうしても高まります。例えば「スクラム」を実施する場合も、「スプリント」単位の機能分割に誤りがあると、破綻するケースがあります。匠の技を持った技術者を多数確保できれば話は別ですが、現実には極めて難しい場合が多いでしょう。エンタープライズ系システムへの影響や、他システムとの連携を全く考慮しないで済む場合を除き、要件定義で行うべきことをきちんと押さえておくことがプロジェクトの成功につながります。

枠組みを決める所までは、開発手法によらず、要件定義できちんと行うことを本書では推奨します。方向性・目的・概要を明確化するための「成果物」としては、後述する概念データモデル、ToBe業務フロー、業務プロセスの5W2Hに基づき、機能の洗い出し用に作成したユーザーシナリオが挙げられます。

ユーザと合意するための要件定義書(モデル)は作成しなければなりません。どのレベルの要件定義書が必要になるかは、アプリケーションの複雑度等に依存します。ユーザが画面操作を数分間するだけで、要件通りか確認できるアプリケーションもありますが、金融機関の勘定系のように、複雑なビジネスルールが要件となるアプリケーションでは、ドキュメントの詳細度も違ってきます。

計画は要件定義にて

アジャイルでは、「反復(イテレーション)」と呼ばれる短い開発期間の単位を採用することで、ビジネス要求の変化への対応を可能とし、かつ、リスク

の最小化を図ります。通常、1回のイテレーションは週単位で実施され、規定された作業時間の単位を「タイムボックス」と呼びます。リリースまでの期間を最初に定め、絶対に変更しません。この一定時間の作業単位をXPでは「イテレーション」、スクラムでは「スプリント」と呼びます。

その中で設計・開発・テスト・リリースまでが行われます。このイテレーションを繰り返すことで、手戻りを最小限に抑えながら、顧客満足度の高いシステムを開発していきます。各イテレーションの開発範囲と順番がポイントになります。要件定義はこの前に終えて、「大枠」を掴んでおく必要があります。

スクラムの場合を想定しましょう。スクラムの中心は「スプリント」です。これは「完成」した、利用可能な、リリース判断可能なプロダクトインクリメントを作るための、1か月以下のタイムボックスのことです。スプリントで行う作業はスプリントプランニングで計画します。この計画は、要件定義で概要を明確化し、機能をスプリント単位に分割可能にした上で行う方がよいでしょう。

要件定義で行った方が良い作業

これはアジャイル型開発に限った話ではありませんが、「大きな枠組」とは、基盤となるアーキテクチャの上で、「データ」と「プロセス」と「機能」を明確化することです。細かい機能の議論は後回しで構いません。大枠を捉えた上で機能を想定し、一旦確定した後に、機能分割を行います。

そこから先は、以下の作業を要件定義の範囲で行うことを考えてもよいでしょう。ここからがウォーターフォール型開発との相違点です。

インセプションデッキの作成

インセプションデッキとは、プロジェクトを始める前に明かにしておくべきことを知るための活動です。「このプロジェクトはなんなのか」を共有

するために、テンプレート10個の項目を埋めていきます。特に「技術的な解決策の概要」では、アプリケーションアーキテクチャを決定する必要があります。

プロダクトバックログの作成

　プロダクトバックログとは、要件を落とし込んだ一覧表です。実現したいことをすべて書き出した表です。

　リリースはいつ頃になりそうか、どこまで行けそうか、何が終わったのか、今どこまで進んでいるのかを管理します。未着手の作業を整理して優先順位を決めます。

　また、スプリントバックログというリストも作成します。スプリントとは、スクラムにおける開発・レビュー・調整という開発対象の単位のことです。初期段階でバックログの体裁を整えるのが要件定義の作業になります。システムの方向性・目的・概要を明確にした上で、アーキテクチャの方向性、機能概要から分割方針までを要件定義にて行いましょう。

アジャイルで行うべきこと

　アジャイルを語る際、しばしば「開発した機能の6割は使われない」と言われます。「ウォーターフォール型で開発されたシステムが完成した時には、既に要求と乖離してしまい、使いものにならない」といった意味で語られることが多いようです。

　YAGNI (You aint gonna need it：必要になるまで追加しない) という精神もあります。「今、必要なものだけを実装する」のです。もちろん不必要なものを作ることこそ、無駄に違いありません。

　本当に必要なものは、大きな枠組みの中にあります。木の幹はしっかり根付かせるべきです。その上で俊敏性を発揮できる状況に持っていくのです。本当に必要なものがわかるのは、大きな括りのなかで、きちんとした方

向性をプロジェクトで共有したときです。

アジャイルだろうと「要件定義」は必要

　本書の考え方としては、アジャイル型開発でも、要件定義の重要性は変わりません、必要というスタンスです。

　アジャイルは新しい価値を生み出すものと言われます。「要件は固まらないもの」、「真の要求はアジャイルで設計とともに」とはいえ、最低限の要件（方向性・制約）の明確化は必要です。

　業務の現場、特にWebが絡むような日進月歩のエリアでは、要件の変化を受け入れないわけにはいきません。アジャイル型開発を採用した場合、動いているシステムを見ながらなら、具体的なイメージを持って要件を提示できる可能性が大きいので、ある程度の仕様が固まった時点であれば、開発を開始することは可能です。そのためには、繰り返しの前に、要件定義で大枠をしっかりと掴み、設計から実装工程でブレを生じさせないことが大切です。

　また、これは要件定義工程以降の話になりますが、新規開発においてアジャイル型開発を適用した場合は、修正（仕様変更）もアジャイルで行うことになります。つまりシステムライフサイクル全般でアジャイルである必要があるのです。そのためには、開発手法の話に終わらず、長期にわたる組織論に踏み込む必要が生じます。

第II部 | 要件定義の実践

3

第3章
要件定義の前に やっておくべきこと

3.1 システム化企画／業務分析

3.2 要求の明確化

3.1 システム化企画／業務分析

Theory of Requirement Definition

要件定義の前に

　本来、システム開発プロジェクトにおいて「システム化企画」や「業務分析」といった工程は、「要件定義」の前に終了していることが前提です。業務分析／新業務定義で行うべき作業には、以下の2つがあります。

- システム企画に基づくToBeモデル（あるべき姿）の策定・作成
- AsIsモデルの作成

　システム化企画ではビジネスの視点から、今回のシステム開発の投資効果、目的、方向性を明確にします。「超上流工程」と呼ばれることもあります。業務分析では、システム化企画を基にToBeモデルを作成し、現状分析の結果作られるAsIsモデルを参考にして、ToBe新業務の形を想定可能にします。

　システム化企画と業務分析により要求を明確にします。その要求を基にToBeモデルを作成します。そこから、AsIsモデルと制約を踏まえて、要件として整理し、新しくToBeモデル化します。これが要件定義で行うべき本来の内容です。

ToBeモデルとAsIsモデル

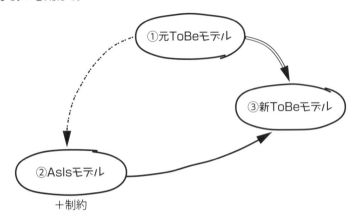

　上の図の「①元ToBeモデル」の作成と、「②AsIsモデル」の作成までが、要件定義の前に行っておくべき作業です。図の二重線、つまり「③新ToBeモデル」の作成が、要件定義で行うべき作業です。

まず手始めに…目的の確認

　エンタープライズ系システムかコンシューマー向けシステムかを問わず、システム開発には「目的」が存在します。「何のために」このシステムを作るのかです。まずはその目的を明確にしましょう。

　その際には、可能な限りあらゆるドキュメントを収集しましょう。エンタープライズ系システムであれば、業務規定集やマニュアル等は必須です。コンシューマー向けシステムであればビジネス企画書などです。そして現行システムのドキュメント類があるなら、参考にします。

　これらのドキュメントに目を通した上で、ステークホルダーとなりうる人、組織のトップ、業務責任者、業務担当者にインタビューを実施します。最低限、以下の項目については、考えを聞き出しましょう。

・　「目的」

- 「対象」
- 「効果」：期待している定性効果／定量効果と投資回収期間
- 上記3点を踏まえた新システムイメージ
- システム以外の組織、役割のイメージ

インタビューの結果は一覧形式でまとめていきます。但しこれらの作業は、新規開発のときだけで構いません。保守・修正の場合は、大きな方針変更を除き、ある程度省略しても問題ありません。

調査

インタビューの前に最低限、システム開発対象の「業界」について最近の動向を調査し、インタビューで考えを聞き出します。もし明確な考えがないような場合には、インタビューする側から業界動向を踏まえた提案を行う必要があります。またインタビュー後も、内容の精査を目的として追加調査を行う場合があります。

要求の整理

インタビューや調査の結果を踏まえて要求を整理し、新たなビジネスモデルや、システム化企画となりうるかを検証します。

システム化計画

新規システムの場合、目的・対象・効果の3つを明確にしていきます。A3サイズの用紙の中央にシステムを描き、その周りに、関係のあるインフラ、顧客等を制限なく描き出していきます。

保守フェーズにおける修正案件の場合は、今回の開発が、そもそも新規

開発時に策定した目的や方向性とずれていないかを確認します。

エンタープライズ系システムでは、「システム化計画→要求→要件」を明確にトレースできるように整理する必要がありますが、コンシューマー向けシステムでは、計画から要求や要件の「時間軸が短い」ため、時間をかけてはいけません。特にアジャイル型開発を適用する場合は顕著です。

ラフなポンチ絵を描いて新業務イメージをまず認識し、「目的」「対象」「効果」を明確化していきます。このポンチ絵は、現場から要件を抽出する際にも、大きな武器になります。ラフでよいので、目的を理解しやすいように工夫しましょう。

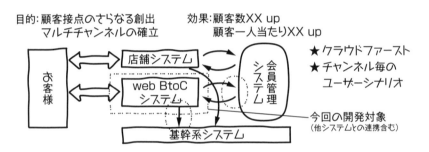

コンシューマー向けシステムの「効果」は、ビジネス価値とイコールの場合が多いでしょう。そのため、例えば「売り上げの増大」等を目指して、早期のリリースを最優先します。エンタープライズ系システムの場合、数年にわたるシステムライフサイクルの中で投資回収が行われればOKです。何を最優先にするかで、新システムのイメージをどこまで整理しておくかが変わってきます。

ToBeモデルの作成

新ビジネスモデルを基に、ToBeモデルの作成を開始します。このToBeモデルは、プロセスモデルとデータモデルの概要を描くことから始めます。

最初はかなりラフなものになります。

　プロジェクトの考え方次第ですが、この工程に時間をかけて詳細レベルまで、つまりToBeプロセスモデルとデータモデルを、実際の業務レベルまで想定可能な状態に落とし込んだ場合、要件定義を含む後工程の工数はかなり軽減されます。逆にこの工程をいい加減なまま終えると、後工程に皺寄せが行くことになります。

　保守フェーズにおける修正案件の場合、現行システムのシステム全体図、データモデル、プロセスモデルがあればよいのですが、ない場合もあります。そのときは、修正対象のシステムを明確にするために、システム全体図を作成しましょう。システム全体の中で修正対象機能の位置づけ、連携の有無がわかるレベルを目指します。

　さらにプロセスモデルとしては、開発対象システムに関連がある大きな括りのプロセスの概要フロー図を、ラフで構わないので作成しましょう。一般的なビジネスの階層構造に沿って、上位から下位へ階層化していきます。細かい点に気を取られる必要はありません。ラフデザインでよいのです。最上位階層ともう一つ下の階層レベルの概要フローまでは描いておきましょう。

ラフな概要フローとしてのプロセスモデル

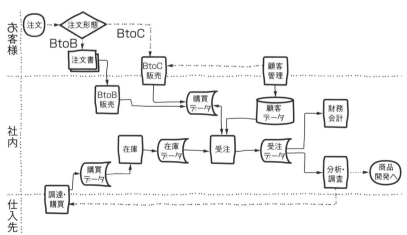

データモデルとしては、データ要件の明確化で説明する「概念データモデル」を、これもラフで構わないので作成しましょう。概念データモデルとは、エンティティと呼ぶ実体同士の関係を定義するものです（属性を表すものではありません）。エンティティはビジネスにおいて把握すべき管理対象でもあります。特に、今回開発対象となるシステムの外部接続の有無、他機能との連携、影響範囲がわかるようにしておくことです。

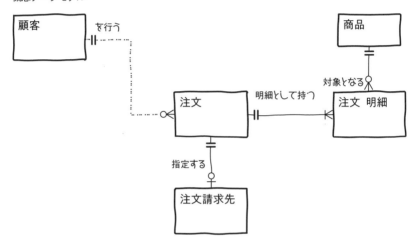

概念データモデル

　修正案件の場合、モデルを作成するにあたり、いきなりユーザーに聞き取りをする技術者がいますが、止めた方がよいでしょう。深みにはまります。ユーザーはあくまで業務の視点でしかシステムを見ていません。今回の開発対象でない問題が表面化してしまい、本来開発すべき対象との優先順位の整理がつかなくなることがあります。

現状分析

　AsIs分析の目的は、業務の現状を把握することです。所謂、現状分析を

どのように考えるかは大きな問題です。この項の冒頭でAsIsモデルについて触れましたが、筆者は「全くの新規システムを開発する場合、現状分析に時間をかけるべきではない」という考えを持っています。現状はあくまで参考情報とします。特に、AsIs業務フローの作成に時間をかけるのは無駄です。

要件定義においては、元ToBeモデルを前提にして、その制約としてのAsIsモデルを参考にします。AsIs業務フローよりもむしろ、現行システムに関する以下の情報を押さえておく必要があります。

（1）非機能要件

データ更新及び業務処理の頻度、処理速度や応答速度、データ量、そして昨今では最低限求められていたユーザビリティなどについて、現行システムのドキュメントやUIのハードコピー等を参照して洗い出します。もし現行システムがない場合、例えば、コンシューマー向け新規事業等の全くの新規システムや、ドキュメントがそもそもない場合には、担当者からの聞き取りを行います。非機能要件が要件定義工程で埋もれてしまうと、システムテストまで問題を先送りしてしまい、後々大問題になるので要注意です。

（2）データ構造

概念データモデル、データライフサイクルが把握可能であるもの＝CRUDマトリクス等。なければ、ドキュメントを基に、データ構造の概要が把握可能なレベルのラフなAsIs概念データモデルは作成しましょう。

（3）コード体系

現状分析で一番時間を割くべきは、後述する「データ要件の明確化」でも説明しますが、「コード体系」です。現行コード体系の中には、現行システムのロジックがたくさん詰まっています。特に「意味ありコード」（例えば、取引先コードの頭3桁が地域を表す等）は要注意です。現行システムのコード設計

書が存在するならそれを参照しますが、存在しない場合は厄介です。項目名に「…コード」「…区分」「…フラグ」といった文言が付与されている項目を抽出し、アプリケーションの目星をつけてロジックを調査するしかありません。

　もう一つ、現状分析で大切なのは、「現行システム」以外の部分、つまりビジネスや業務に近い部分です。例えば、エンタープライズ系システムの場合、組織図や分掌規程には目を通しておいた方がよいでしょう。業務フローからはわからないビジネスルールが浮き上がってくることがあります。

現状問題点の認識

　エンタープライズ系システムで特に顕著ですが、修正においては、現状システムの業務上の不具合を基に、要件がまとめられることがあります。もしそういった要求が要件としてまとめられた場合、それは抜本的な経営課題の解決にならないこと、それでも現場としては行わなくてはならないことを、「目的」と「効果」の観点からきちんと整理しておく必要があります。

　つまり、現場からの「業務要件」「システム要件」の度合いが強く、より高い視点での効果が、すぐには見えにくいケースです。これは要注意です。システム開発プロジェクトは計画どおり完遂したにもかかわらず、成功とみなされないことがあります。これは要件定義の問題ではありませんが、要求を要件として整理する際に意識する必要はあります。

　すなわち、現場の声を吸い上げて「業務要件」「システム要件」を定義する際に、高次の「ビジネス要件」と食い違いが生じないよう、注意を要します。両者の間がトレースできるように、きちんとつながっていなければならないということです。そうしておけば、経営の観点からも、システムの効果を確認できるはずです。

Step システム企画／業務分析

システム企画／業務分析

業務分析／新業務定義の具体的な手順は以下のとおりです。

Step 1　目的の確認
Step 2　調査（インタビュー）
Step 3　要求の整理
Step 4　システム化計画の立案
Step 5　ToBe モデルの作成
Step 6　現状分析〜 AsIs モデルの作成

実施作業の場合分け

これらの作業項目を、右の表のような場合分けに応じて、適宜、実施していきます。

❶の場合、具体的手順を全て行います。

❷の場合、時間をかけずに目的を明確化します。開発対象システムがエンタープライズ系システムへの影響度が低い、他システムとの連動がない場合、AsIs 分析は省略し、ビジネス価値に焦点をあてます。

3の場合、ビジネス要求の変更、サブシステム単位の修正ならば、システム全体の目的からブレていないかを確認した上で、既存システムとの連携、外部接続を意識して整理します。業務要求の変更、プロセス単位の修正ならば、システム全体との整合性を意識して追加・修正対象のプロセスの位置付けを明確にします。システム要求の変更、機能レベルの修正ならば、想定機能の位置付けのみ整理します。

④の場合で、ある程度のプロセス・機能のまとまり単位で大幅な修正が入る場合には、3同様の整理を行います。プロセスレベルの修正ならば、ある程度の規模の場合に限り、エンタープライズ系システム同様の整理をします。機能レベルの修正ならば、想定機能の位置付けのみ整理します。

3.2 Theory of Requirement Definition

要求の明確化

　3.1でまとめたシステムの「目的」「対象」「効果」を基に、要求を明確化していきます。システム化計画を基に作成した新ビジネスモデルと、ToBeモデルを参照し、要求を以下の3種類に分類して整理すると共に、ToBeモデルをブラッシュアップしていきます。3種の要求の意味は以下のとおりです。

- 「ビジネス要求」=トップダウンの要求
- 「業務要求」=業務レベルの要求
- 「システム要求」=システムレベルの要求

　そして新システムイメージを基に要求を抽出し、「ビジネス要求」「業務要求」「システム要求」に分類していき、「要求分類一覧表」にまとめ、併行してToBeモデルをブラッシュアップしていきます。

管理No.	発生部署	日付	要求分類	対象業務	要求 (内容・目的)	元管理 No.	ランク				状態
							重大	緊急	拡大	総合	
			ビ・業・シ								
			ビ・業・シ								
			ビ・業・シ								
			ビ・業・シ								
			ビ・業・シ								

要求のブレイクダウン

整理した要求をブレイクダウンしていきます。「ビジネス要求」に分類された項目をブレイクダウンしたものが「業務要求」や「システム要求」になりうるか、分析していきます。

① 「ビジネス要求」→「業務要求」
② 「業務要求」→「システム要求」

この①と②のトレースが可能な形にブレイクダウンするのが理想です。

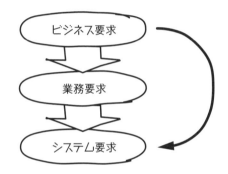

例えば次のように定義します。
- ビジネス要求：マルチチャネルによる顧客接点の増加。それに伴う顧客及び売り上げ増加。必要となるリソースの配置（人・モノ・金）。
- 業務要求：ユーザシナリオの確立。配置された少数精鋭のスタッフによる業務フローおよび業務プロセスの確立。
- システム要求：必要なデータ要件とプロセス要件の確立。プロセス要件を満たす機能およびUIの構築。

ここで気をつけなくてはならないのは、無理にブレイクダウンしないことです。無理して「ビジネス要求」を「システム要求」にブレイクダウンして整理するということは、本来システムで解決すべきでないビジネス課題

に対して、強引にシステム化による解決を図ることを意味します。

どうしてもブレイクダウンできない要求、かつ実現を要する要求に関しては、

「ビジネス要求」→「ビジネス要件」
「業務要求」→「業務要件」

という形で、「システム要件」以外の要件として整理しておきます。

また検討の中では、どうしても要件化できない要求が多々現れてきます。そういった要求は差し戻します。つまり「先送り」の対象とします。

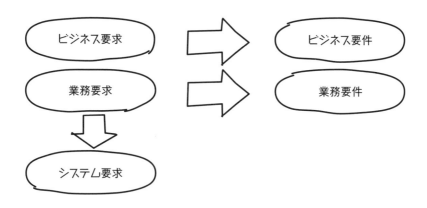

この時点で、システム要求としてブレイクダウンされた要求と、システム以外の要件となりうる要求、そして差し戻し対象の要求の3つをきちんと分類することが重要です。

エンタープライズ系システムでは、コンシューマー向けシステムに比べやや長めのシステムライフサイクル全体で、企業組織として要求がどうあるべきかを考える必要があります。コンシューマー向けシステムでは、ビジネス直結の俊敏性が求められることもあり、システム要求にブレイクダウンする項目の比率が高まります。時間をかけて完成品をリリースするよりも、半完成品でもいいから早くお客様の目に触れさせ、評価されることにより、さらなる要件が生まれることがあります。

きちんと要求が整理されているかを確認しましょう。「何がしたいのか」が不明確なら、そこから明確にしていきます。この時点で詳細に踏み込んで、必要以上に時間をかけるべきではありません。煮詰まったら、「概要でよい」くらいに割り切りましょう。現時点で把握可能なレベルできちんと押さえれば問題ありません。わからないものに時間かけるのは無駄です。方向性さえ見失わなければいいのです。

例えば「業務要求」から「システム要求」にブレイクダウンする要求としては、通常の機能に関する要求以外に、ユーザビリティ、移行要求等が挙げられます。また前述したとおり、「ビジネス要求」から「業務要求」を通り越して「システム要求」にブレイクダウンする要求もあります。

要求と現実性

要求の中には、現在の技術では実現不可能なものも含まれます。やや荒唐無稽な話あるかもしれません。そういったものを「システム要求」として分類するのは危険です。

但し、例外はあります。企業組織の経営判断により、「業界にかつてない仕組みを構築する」「世界最先端の仕組みを構築する」という強い意志があれば、システム要求にブレイクダウンし要件化すべきです。つまり「ビジネス要求」を「システム要求」として整理することになります。この場合、「人・モノ・金」といった経営リソースをどうやって調達するか考える必要があります。

そこまでの意思がないようなら、「技術的困難」を理由に、この時点で要求から除外します。

そのほか、この要求の段階で既に明らかになっている時間やコスト（予算）の制約により、要求から除外せざるをえないものも多々あります。どうしても実施する場合には、期間やコストを追加する覚悟が必要です。

ToBeモデルのブラッシュアップ

改めて、要求を満たすモデルとしてのToBeモデルを作成(修正)します。
- ビジネス要求→システム化企画含むビジネスモデル
- 業務要求→要求に伴う制約まで明確になったプロセスモデル、データモデル
- システム要求→UI、機能／非機能

可能な限り整合性を保ちつつ、モデル化していきます。

プロセスモデル、データモデルは、後述する「プロセスモデルとしての業務フロー」「概念データモデル」の作成を通じて作られるものとします。この時点で明確になった要求が反映されたプロセスモデル、データモデルを目指します。

Step 要求明確化の手順

要求明確化の手順

要求の明確化は以下の手順に沿って行います。

Step 1　ビジネス要求、業務要求を把握する

まず、システム化企画、ToBeモデルから、要求のうち「ビジネス要求」となりうるものを改めて抽出します。現場をないがしろにしてはいけませんが、トップダウンの「意思」を優先します。「ビジネス要求」を整理した上で、「ビジネス要求」から「業務要求」へのブレイクダウン（落とし込み）を行います。この段階で各部署や現場の要求を取り込みます。ブレイクダウンした業務要求は、ToBeモデル、プロセスモデル、データモデルに反映させます。

Step 2　要求の発生源を明確にする

現場からの要求度合いが強い「業務要求」について、発生部門と担当者を明確にします。その際、その要求を満たすことが経営課題の解決につながるものを、優先事項としてチェックしておきます。つまり、業務要求から遡りビジネス要求との整合性をチェックし、ビジネス要求たりうるものを優先とするのです。

Step 3　要求の背景にある課題・問題点を明確にする

上記の1、2で把握した要求の背景をきちんと認識し、課題や問題点を明確にしていきます。「ビジネス要求」と「業務要求」について、それらの要求が発生した原因や理由を明らかにします。

Step 4　システム要求への落とし込み

「ビジネス要求」と「業務要求」のうち、優先順位を参考にして「システム要求」への落とし込みを行います。この作業は経営視点、現場視点、システム視点といった多方面からの検討を経た後に行います。システム要求を基に必要なUI、機能／非機能への対応を検討します。

3.2　要求の明確化

Step 要求明確化の手順

Step 5　要求のランク付け

「システム要求」として洗い出した時点で、ひとまず以下の評価基準に照らして、それぞれの重要度合いを5段階にランク付けしていきます。重要度の高い方から順に5、4、3、2、1の数値を与えます。

- 経営およびビジネスに与える影響の大きさ
- 緊急度
- 課題解決に要する規模など

これらの点を考慮し、総合的なランクを決めていきます。ランク後、改めて、優先順位の高い要求のUI、機能／非機能について多面的に検討します。

Step 6　要求の階層化を整理する

要求が「ビジネス要求」「業務要求」「システム要求」としてきちんと分類されているか、「ビジネス要求」から「業務要求」、「業務要求」から「システム要求」へブレイクダウンした事項が整合性を保っているか。そしてブレイクダウンした経緯とともに、トレーザビリティ可能になっているかを確認します。併せて、ToBeモデルが各要求を反映しているかを確認します。

基本的には、エンタープライズ系システムでもコンシューマー向けシステムでも、要求の洗い出し方法は変わりません。但し、コンシューマー向けシステムの方が、リリースまでの時間短縮を求められる場合が多いため、必要最低限の要求をスピーディに開発まで持っていく必要があります。

また、ビジネス要求は不変であり、業務要求レベル、システム要求レベルの修正の場合、ビジネス要求との整合性をとりつつ、速やかにシステム要求を明確化していきます。

実施作業の場合分け

以上の作業項目を、右の表の場合分けに応じて、適宜、実施していきます。

1 の場合、具体的手順を全て行います。

❷の場合、時間をかけずに要求の洗い出しを行います。緊急度が高い場合、優先順位付けを考えるよりも、要件化を併行して行うことで実装までの時間を短縮します。

3 の場合、ビジネス要求でサブシステム単位の修正ならば、システム全体の目的からブレていないかを確認した上で整理します。業務要求でプロセス単位の修正ならば、システム全体との整合性を意識して追加・修正対象のプロセス、データの要求を明確にします。システム要求で機能レベルの修正ならば、想定機能の位置付けのみ整理します。

④の場合、コンシューマー向けシステムでは、ある程度のプロセス・機能のまとまりの単位に、ビジネス要求レベルの大幅な修正が入る場合は、3 と同様の整理を行います。業務要求でプロセスレベルの修正ならば、ある程度の規模の場合に限り、エンタープライズ系システムと同様の整理をします。システム要求で機能レベルの修正ならば、想定機能の位置付けのみ整理します。

第4章

要件定義でやるべきこと

4.1　要件の範囲の明確化

4.2　制約と外部接続の明確化

4.3　業務フローの明確化

4.4　業務プロセス要件の明確化

4.5　UI・機能要件の明確化

4.6　データ要件の明確化

4.7　CRUDマトリクス分析

Theory of Requirement Definition

要件の範囲の明確化

「要件の範囲」を明確にする!

要求は、ある制約を伴って「要件」として整理されていきます。このとき、どこまでを要件の範囲とすべきなのかを、明確にしておく必要があります。それが要件定義の目的だといってもよいかもしれません。

本項では、要求を基に要件を明らかにするとともに、要求がどのように要件として整理されるに至ったかのトレースを行い、「要件の範囲」を明確化していきます。繰り返しになりますが、ToBeモデルを基にしつつ、制約とAsIsモデルを参考にして、要件の範囲を明確化した新ToBeモデルを作成することが、要件定義で行う作業です。

ToBe、AsIsから見た要件定義の位置づけ

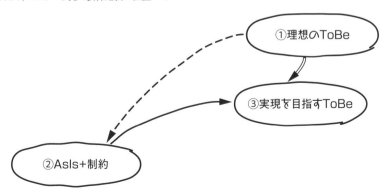

つまり要件定義の目的は、上の図①②を基に、③を作成することです。③の新ToBeモデルは、システム稼働後にはAsIsモデルになります。以後、修正はそのAsIsモデルを基に行うことになります。

ここからの進め方

　まず、本項(4.1)において要求の要件化を行い、かつトレース可能な状態を構築します。併せて、新ToBeモデルの作成準備を行います。

　次項(4.2)では、要件を基に、システムの全体像と外部制約を明確にするために、システム全体図を作成します。併せて、新ToBeモデルの概要を作成します。

　4.3では、業務フローの明確化、4.4では業務プロセスの明確化、4.5ではUI・機能の明確化を行い、4.2～4.5で抽出された情報を基に、4.6でデータ要件の明確化を行います。その後、業務プロセス、UI・機能へのフィードバックを行います。さらに業務プロセス、機能、データ要件を基にCRUDマトリクスを作成し、その結果を業務プロセス、UI・機能、データの各要件にフィードバックします。

　ここまでで新しいToBeのプロセスモデルとデータモデルを確定させます。さらにモデルと各要件との整合性を再度精査し、要件自体の見直しを行います。この一連のサイクルを複数回繰り返すことにより、新ToBeモデルを完成させ、要件定義を確立していきます。

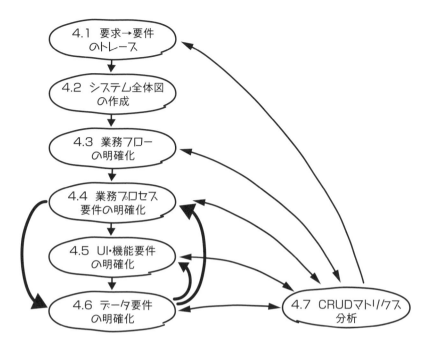

反復とフィードバックの意味

　要件定義における業務プロセス、UI・機能、データの明確化について、各々フィードバックを行いつつ、反復を行うことにより、要件定義の品質が高まります。一度だけでなんとかしようとは思わないことです。反復のなかで、開発者もユーザーも（システム屋と業務屋という表現でもいいかもしれません）多くの気づきを得ます。理論に裏付けされた経験の繰り返しに、勝るものはありません。

「現行どおり」の危うさ

　要件を固める打ち合わせの席で、ユーザーから「現行どおりに作ってくれ」と言われることがあります。「機能を踏襲する」という考えです。しかし、

これをそのまま「要件」とすべきか否かは、熟考を要します。プロジェクトのオーナーであるトップの思いと、異なることがあるので要注意です。

さらに「現行どおり」と言われても設計書が存在しない場合、現行の仕様がわからずに、一から調査しなければならない場合もあります。現行の仕様が開発者に伝わっていないことによる仕様漏れや設計漏れのリスク、あるいは、現行機能どおりに作った機能が実は業務フロー上の問題点になっていたため修正を余儀なくされる等のリスクも内在しています。

経営トップは、システム投資を行う以上、なんらかの効果や付加価値を求めているものです。現場から(本書の表現としては「業務要求」になります)「現行機能の踏襲」という要求が出され、ビジネス要求との整合性を図ることなく、それを真に受けてそのままシステム要件として整理し、開発を行ってしまうことにより、システムの価値がきちんと評価されない、つまりビジネス要求を満たさない事態を招くことがあります。もちろん、インフラの老朽化等、やむを得ない場合もあります。その場合においてもビジネス継続の視点からビジネス要求として整理し、経営トップの理解を得る必要があります。

システム部門やユーザー部門(業務部門)から「現行踏襲」の方針が出てきたら注意しましょう。きちんと熟考した上で要件化しましょう。

筆者は、機能踏襲が前提の場合でも、何らかのプロセス及び機能の見直しは行うべきだと考えています。プロセスの見直しはこのタイミングでしかできません。もしそのまま踏襲するとしても、検討した上で行うべきです。何も考えずに「現行どおり」はNGです。もちろん、基本機能を踏襲しつつ、非機能要件やユーザビリティの向上等によりシステム価値を高めるといった付加価値でも構いません。

要求から要件へ

「ビジネス要求」「業務要求」「システム要求」として浮かび上がった諸々の事項は、全てが要件になるわけではありません。各要求のなかで優先順

位の高いものを中心に、「システム要件」の形に整理し、開発すべきシステムに反映します。

「システム要件の形」とは、開発対象となるシステムのToBeモデルを指します。具体的には、要求を基に作成された元ToBeモデルへの制約やAsIsモデルを考慮して作り上げた新ToBeモデルであり、プロセスモデル、データモデル、機能、UIを想定できる要件です。

「要求」から「要件」への対応表

要求				要件			
要求管理No.	要求分類	内容	要件化可否	要件管理No.	要件分類	内容	元要件管理No.
	ビ・業・シ		可・否		ビ・業・シ		

前述したとおり、無理に要件化するのではなく、あくまでシステムに求めるべきもの、実現可能性を基に要件化していきます。そして制約により要件化できなかった要求は、どのような制約により不可であったかを明確にします。

代表的な制約は、リソース（人・モノ・金）と時間（スケジュール）、技術的困難、技術的制約、現状との乖離の7点に集約されます。

「人」：　　　いくら素晴らしい方法論があり、素晴らしいツールが用意されていても、使いこなせる人がいなければ話になりません。また技術力やマネージメントの欠如も、プロジェクト遂行の妨げになります。そもそも新しいビジネスを始めるにあたり適材がいなけれ

ば話になりません。

「物」： ビジネスに必要な設備や実装に向けた環境、インフラ、ツールが用意できなければ話になりません。「人」が使うツールも重要な「物」のひとつです。

「金」： 外注に限らず、自社開発でも人員のコストはかかります。システム開発は金に左右されるといってもよいでしょう。また、インフラにどこまで投資するかは、非機能要件次第とはいえ、最終的には「金」で決まります。投資効果は最後には定量的に「金額」で判断されるので、制約としてはこの「金」のウエイトが一番大きいといえます。

「時間」： 納期がなく、いくらでも時間をかけてよければ、かなりの制約から解放されることでしょう。でも現実にそんなことはありません。「時は金なり」で、「金」も絡んできます。時間を使うには金がかかるのです。

「技術的困難」： ビジネスには大きなインパクトを持ちうるが、実現するには技術的リスクを伴うものを指します。

「技術的制約」： 例えば「既存システムの一部分を利用する」、「ERPを使用することが決まっている」、「クラウド使用が決まっている」等です。

「現状との乖離」： 元のToBeモデルとAsIsモデルの乖離が激しい場合、充分な検討が必要です。経営判断として「ビジネス要件」化する固い意志があれば別ですが、現実的に可能かどうかを判断した上で、要件化する必要があります。

新規開発の場合、「ビジネス要件⇒業務要件⇒システム要件」という要件化の流れは、稀に遡ることがあっても、基本的には一方向に流れていきます。一方、修正案件では多くの場合、「業務要求⇒業務要件⇒システム要件⇒業

務要件⇒ビジネス要件」、「システム要求⇒システム要件⇒業務要件⇒ビジネス要件」というように、起点が業務要求またはシステム要求となる場合があります。この場合でもビジネス要件との整合性をとる必要があります。

　また、代替え案を立案しなければならない場合は、この要求から要件化を行う「⇒」のタイミングで、元々の要求を満たしているかを考慮しつつ、検討する必要があります。

　但し、新規開発の場合でも、トップダウンが弱いために、上記の一方向に流してはいけない場合があります。そのときは、修正案件と同じ流れにします。つまり、起点を業務要求またはシステム要求とし、吸い上げる形でビジネス要件との整合性を確保していきます。

　「要求」に基づいて「要件」を固めていくこの過程で、どのような分析・検討が行われ、また、意思決定が下されたかを振り返り、要件を確定するとともに、トレース（追跡）可能にしていきます。そして要件として整理された事項が、トレースによりシステム開発プロジェクト全体の方向性と一致しているか、常に確認可能な状態を作り上げます。

　前述したリポジトリを活用していれば、この「トレース可能な状態」を作り上げるのは比較的容易です。しかしExcel等で管理する場合には、要求、要件、機能、UIのそれぞれにIDを振り出し、互いを結びつけることによりトレース可能な状態を作り上げます。

　ここでは業務の複雑さに向き合う覚悟を求められます。なんでもシステム要件とするのでなく、ビジネス要件と業務要件の検討を行い、システム要件を整理することにより、業務プロセスやデータ構造をシンプルにすることを目指しましょう。

　ユーザーから引き出したビジネス要求や業務要求に、様々な制約を加味してビジネス要件や業務要件へと落とし込み、業務要件からさらにシステム要件となりうるかを検討するとともに、ビジネス要求と業務要求からブレイクダウンして整理されたシステム要求に対して、同じく制約を加味して、システム要件になりうるかを検討していきます。

4.1　要件の範囲の明確化

要求が曖昧?

　本書では要求を基にToBeモデルを作成し、AsIsモデルと制約を踏まえて新ToBeモデルを作成することにより、要件定義を確定する方法を説明しています。では、実際の全てのプロジェクトで、そのとおりに実施できるでしょうか。要件定義段階になって、「そもそものシステムの目的は何?」、「新しい業務のイメージが湧いていない」、「そもそも何がしたいのかわからない。漠然としている」などといった事態は生じないでしょうか。

　これはシステム化企画や業務分析がきちんとなされていない、つまり本書の第3章の内容が実施されていない状態です。要求が明確でない状況です。当然、本来あるべきToBeモデルは存在しません。存在したとしても要件定義には役にたたない代物です。

　現実は残酷です。「本来そうあるべき」という議論を蒸し返しても、問題は解決しません。なんとかするしかありません。いくら泣き言を言っても、迫り来る目の前の敵は倒せません。倒さなければ、倒されるだけです。生き延びることはできません。

　では、もし、そういった事態に遭遇したら、どうすればよいでしょうか。前工程で実施すべき作業がきちんと消化されていなかったら、この「要件定義」の工程できちんと消化し、次工程の設計工程以降への悪影響を断ち切るしかありません。要件定義を含む上流工程の不備は、システム開発に大ダメージを残します。ゆえに、どうような事態であれ、要件定義を完遂し、問題を後工程へ先送りしないためには、前工程の不備もすべて要件定義で吸収しなくてはならないのです。

　考えられるパターンは以下の2つです。

① ToBeモデルが存在する場合には、AsIsモデルと制約を踏まえて、ToBeモデルから新ToBeモデルを作成することにより要件定義を行う。
　　――第3章の内容がきちんと実施された状態です。

② 要求が曖昧でToBeモデルが存在しない場合には、要求を明確化し

つ、ToBeモデルを作成することにより要件定義を行う。
　──第3章の内容が実施されていない状態です。

　上記の①②いずれの場合でも、「要件定義」の工程では最低でも以下の2点をまとめ上げなくてはなりません。
- 要件としての合意を可能とするもの
- 設計工程のインプットとして有用なもの

　言うのは簡単ですが、実際に行うとなると大変なことです。システム開発プロジェクトの失敗はほとんど、ここがうまくできなかったことに起因しているといえます。もし要件定義からアサインされて、前工程の成果物が曖昧だったり使い物にならないようなら、要件定義工程の期間延長を堂々と主張し、WBSに反映させましょう。

Column

上流からのやり直し経験

　余談ですが、筆者にも同じ経験があります。あるプロジェクトで要求分析の作業が曖昧だったため、要件定義工程において上流からやり直したことがありました。当然、工程の作業見直しにより、当初よりも要件定義の期間が超過し、結果的には全工程の半分近くを費やしました。しかし、最終的にシステム開発全体としては若干の遅れ程度で済み、品質の高いシステムを完成させることができました。

　この時の教訓は「上流工程を、焦っていい加減に終わらせてはならない」です。もし、前工程に問題があっても、焦ってはいけません。人のせいとはいえ、いい加減に「形だけ」要件定義工程を終わらせるのは最悪です。むしろ腰を落ち着けて、要件定義をきちんと終えることこそ、システム開発を成功に導く近道です。「最小の労力で最大の効果を出す」べく要件定義を実施しなくてはなりません。

Step 「要求→要件」を明確にする手順

「要求→要件」を明確にする手順

　要件を定義しつつ、「要求→要件」のトレーザビリティを明確にする具体的な手順は以下のとおりです。

Step 1　要求階層の確認
　再度、各「ビジネス要求」「業務要求」「システム要求」の分類が正当かを確認します。さらに「ビジネス要求」から「業務要求」、「業務要求」から「システム要求」、「ビジネス要求」から「システム要求」へのブレイクダウンが正当かを確認します。
　ToBeモデルが存在する場合には、モデルが各要求を反映したものになっているかを確認します。
　ToBeモデルが存在しない場合には、3.1で示した方法で、要求の明確化と階層化を行います。この場合、ToBeモデルの作成は、時間的に難しいので、あくまで要求の明確化に専念します。

Step 2　要求から要件へ
　「ビジネス要求」のうち「ビジネス要件」へ、「業務要求」のうち「業務要件」へ、「システム要求」のうち「システム要件」になりうる事項を確認し、対象になった事項に限り、各々の要件として整理します。ToBeモデルが存在する場合には、ToBeモデルからAsIsモデルを踏まえて新ToBeモデル作成の準備を行います。ToBeモデルがない場合には、要件化に注力し、要件から新ToBeモデルを作成する準備を行います。

Step 3　要件の整理
　整理された各要件について「ビジネス要件」から「業務要件」へ、「業務要件」から「システム要件」へとブレイクダウンしうる事項を抽出し、整理していきます。ここでは要求分析にて「ビジネス要求→業務要求→システム要求」へとブレイクダウンできなった要求が、スライドした要件が対象です。システム要件へのブレイクダウンは、注意を払って行う必要があります。

Step 4　システム要件の確定

「システム要求」から要件化した、もしくは「業務要件」からブレイクダウンして要件としてまとめられた項目について、システムで実現すべき「システム要件」として定め、実現へ向けた対応方針を、要件定義書にまとめていきます。この際に、単に要求をそのまま要件化するのではなく、「一見、実現性が薄い」、「ビジネス上のインパクトが弱い」といった要求には、よりビジネス価値を高める代替え案を想定し、それを要件化していきます。ここが要件定義工程の「胆」になります。

Step 5　要件範囲の明確化

整理されたシステム要件を基に、対象となる機能／非機能を一覧化することにより明確にします。この段階では、その時点でわかっている範囲内で構いません。どのようにシステム要件として落とし込むか未定の場合は「未決」とし、データモデル、プロセスモデル作成の時まで放っておいても構いません。新規開発案件の場合は、システム全体のイメージと想定しうる機能、修正（保守）の場合は、対象機能とシステム全体への影響を明らかにします。

この時点で、ビジネス要件を基にした新ToBeビジネスモデルを確定させます。

実施作業の場合分け

これらの作業項目を、右の表のような場合分けに応じて、適宜、実施していきます。

	新規	修正
エンタープライズ系システム	❶	③
コンシューマー向けシステム	❷	④

上の表の❶と❷の場合、エンタープライズ系かコンシューマー向けシステムを問わず、要求から要件へとトレースできる環境作りを行う必要があります。コンシューマー向けシステムの場合、システム要件までの落とし込みを、時間をかけずに行い、「未決」事項になりそうな要件はとりあえず後まわしにして、要件を確定させます。③と④の場合もビジネス要件、業務要件、システム要件各々の修正レベルに応じて対応します。

コンシューマー向けシステムにおける修正の④は、ビジネスに大きな影響を与える場合

Step 「要求→要件」を明確にする手順

を除き、業務要求、システム要求からシステム要件までの移行、ブレイクダウンを迅速に行い、ビジネス要求との整合性を後回しにしてでも、速やかに設計・実装を行うべき場合があります。与えられた状況の中で、どこまで正確な整合性を求めるか、迅速性を求めるか、決めていく必要があるのです。

Theory of Requirement Definition

4.2 制約と外部接続の明確化

制約の確認

プロジェクトには常に制約が伴います。システム開発プロジェクトももちろん例外ではありません。前項では制約をふまえて「要求」を「要件」化して整理し、新ToBeモデル作成の準備を行いました。次に、前項で説明した、要件化された事項の「大枠」「範囲」を掴みましょう。

いきなり詳細な議論を始めて、枝を見て森を見ない状況に陥るのは時間の無駄です。システム開発プロジェクトは常に概要から詳細へ、その時点で把握可能な内容を整理し、落とし込んでいくのがセオリーです。したがって、まず「大枠」の理解から始めます。

大枠を把握するには、要件の羅列も充分有効ではありますが、「わかりやすさ」そして「見える化」を優先するために、ここは図式化して整理しましょう。

「大枠」を図式化するために、「システム全体図」を描きます。これは現時点での制約、想定機能を書き込んだ図になります。この段階におけるラフな設計図といってもよいかもしれません。図が完成したら、それがプロジェクトの航海図となり、新ToBeモデルの元ネタになります。ToBeモデルを作成する際に混乱が生じたときは、常にこの航海図に遡って検討することになります。

システム全体図は、要件定義書(要求から要件のトレースが可能な資料)を参照して作成します。また、要求分析資料、RFP、規定、業務ルールは、既に要

求の洗い出し段階で参照済みかもしれませんが、改めてこれらも参照した方がよいでしょう。そしてToBeモデルが存在する場合は、もちろんそれも参照する必要があります。

　設計対象システムの全体像を把握するために、上記のような様々な資料を総合して、新システムのイメージを想定します。そのイメージを、新しいシステム全体図の形へと落としていくのです。

<u>システム全体図とは？</u>

　システム全体図を作る目的は、制約を踏まえて要件化された開発対象の全体像を把握し、外部との接続形態とともに、現時点で想定可能な機能を洗い出すことにあります。

　システム全体図を作成するときは、まず、対象のシステムを図の中心に配置し、次に、関連のある他のシステムを回りに配置した後に矢印で結び、相互の関連の仕方を記述していきます。作成の際に留意すべきは以下の点です。

- トレース可能な要求から要件化されたシステムが網羅されているか。
- 対象のシステムは、他のシステムと関連があるのか。あるとすればどのような関係か。
- 外部との接続があるのか。あるとすればどのような形態か。
- 対象のシステムは、分割した形で管理可能か。可能であれば、どのような管理が可能か。

システム全体図

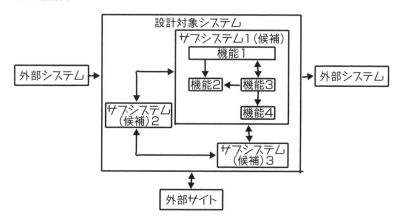

　対象のシステムを、管理可能ないくつかの固まりに分割して表します。この固まりは、業務上の括りでまとめるのが一般的です。後述する業務プロセス要件の明確化における「プロセスの固まり」、データ要件の明確化における「サブジェクトエリア」の候補になります。また、後工程でサブシステム分割を行う際に参考となります。現時点では、誰が見てもわかりやすい業務上の固まりに"括って"おきましょう。

　次に、要件から明らかになった、関連のありそうな他のシステムや、業務サブシステムの候補を書き出していきます。とりあえず他システムとの連携等、外部との接点がありそうならば書き出していきます。その際、現時点でも明確ならば接続方法についても記載します。

　想定で書き込んでいくうちに、開発対象のシステムイメージが沸いてきます。間違いを恐れる必要はありません。どんどん全体図に書き込んでみましょう。修正を繰り返していくうちに形になっていきます。見にくくなったら書き直せばよいのです。また、後工程で作成する業務フローおよびプロセスの固まりに変更が生じた場合は随時、システム全体図の変更を行い、業務フロー図と同期させておきましょう。

Step 「システム全体図」の作成手順

「システム全体図」の作成手順

実際の「システム全体図」の作成手順は以下のとおりです。

Step 1　システムイメージの検討

　ビジネス要件、業務要件、システム要件が明確になっている「要件定義書」を基に、新システムイメージを検討します。分かる範囲で構いませんので、社内事情や外部環境の影響、コスト、時間的制約など、前提条件や制約条件を明確にして、書き出しておきます。メモ書きで構わないので図の横に書いておきましょう。その際、「ビジネス要件」「業務要件」「システム要件」との整合性を満たしているかを常に意識しつつ、作成していきましょう。

Step 2　システム全体のラフスケッチを描く

　現時点で想定可能なシステム全体のイメージをラフに描写し、「新システム全体図」を作成します。

Step 3　外部接続を描き加える

　外部接続イメージを全体図に描き込んでいきます。これも現時点でわかる範囲で構いません。

Step 4　サブシステム(候補)同士のつながり

　対象となるシステム内で必要と思われるサブシステム(候補)を、描き込んでいきます。これも「ビジネス要件」「業務要件」「システム要件」を参照して、要件との整合性を確保します。また、わかる範囲で構いませんので、つながりを線で結び、可能であれば、連携の方向を矢印線で示しておきましょう。

Step 5　機能間の連携も記載する

　もし想定可能なら、サブシステム(候補)内で必要とされる(と想定される)機能同士の関連を、各サブシステム(候補)内に書き込んでいきます。これも現時点で想定可

能な範囲で構いません。コンシューマー向けシステムの場合は、お客様との接点に着目して記載すると、機能の洗い出しが容易になります。

実施作業の場合分け

これらの作業項目を、右の表のような場合分けに応じて、適宜、実施していきます。

	新規	修正
エンタープライズ系システム	1	3
コンシューマー向けシステム	❷	④

上の表の❶と❷の場合には、業務分析工程でToBeモデルが作成済なら、要件事項を参考にしてシステム全体図を作成します。未作成の場合は、整理された要件を基に作成します。

③と④の場合には、外部連携および既存システムとの影響を中心に確認して、システム全体図を作成もしくは修正します。システム全体の中で修正箇所の位置づけを明らかにしていきます。

❷と④のコンシューマー向けシステムの場合は、新規、修正を問わず「お客様（顧客）」を意識して、お客様との接点をきちんと把握できるようにシステム全体図を作成しましょう。

4.3 業務フローの明確化

Theory of Requirement Definition

業務プロセス要件の明確化とは?

　本書では、業務プロセスを表すプロセスモデルを、業務フロー図の形で表現します。作成する業務フロー図は、ビジネス要件を満たし、ブレイクダウンされた業務要件を表すものになります。同時に、システム要件が明らかになるプロセスモデルである必要があります。

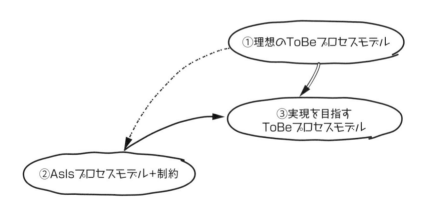

　要求を基に作成した①「理想のToBeプロセスモデル」を基に、②「AsIsプロセスモデル＋制約」を踏まえて、③「実現を目指すToBeプロセスモデル」を作成するのが理想の形です。しかし、第3章の内容が実施されることなく①②が作成されていない状況もありえます。その場合は、要件の一覧

を基に、明らかである要求、明らかである現状、それと制約を参考にして、要件を③ToBeプロセスモデルの形に落とし込んでいくことになります。

業務フロー図では、階層化とブレイクダウンにより、概要から詳細へとプロセスモデルを表現するとともに、業務プロセスの要件を明確にしていきます。

プロセスモデルとは？

データモデルはビジネスの静的側面を表すものです。これに対しプロセスモデルは、ビジネスの動的側面を表します。静的と動的の両面から「ユーザーにわかりやすい表現で」要件を確定していくことにより、ビジネスに直結した価値ある情報システムの構築が可能になります。要件定義段階で作成するプロセスモデルは、まずビジネス要件と方向性が一致し、業務要件とシステム要件を満たすものでなければなりません。

業務フローに登場する業務プロセスに対して、早めに定義を行っておくと、後工程での機能確定やUI確定の際に、ブレが出にくいのは事実です。要件定義で全ての業務プロセスの定義を完璧に終える必要はありませんが、システム開発プロジェクトにおいてポイントとなる主要な業務プロセスに関しては定義を行っていきます。

プロセスの定義とともに、機能確定を目的にユーザーシナリオを明確していくことも可能になります。本項では、様々な要件定義における工程と作業の考え方に対応可能なように、主要機能を確定し、システム要件として明確にするところまでを、要件定義で行う事項とみなし説明します。

なぜ業務フローか？

ユーザーにとって良いシステムとはどのようなものでしょうか。筆者は以下のように考えています。

- ビジネスを円滑に運営できる。
- ビジネスの変化に迅速に対応できる。

「良いシステム」を開発するためには、まずは基本的な業務処理に着目し、

Column

要件定義で行うべきプロセス定義の範囲

データ、プロセスを問わず「どこまでの作業を要件定義で行うか」、「どこまで定義するか」について様々な考えがあります。業務フローの概要を定義するレベルでとどめることもあれば、後述する「5W2H」を明確にしたプロセスの機能を想定できるところまでを、要件定義で実施することもあります。

業務フロー自体を業務プロセスとして定義したり、主要業務プロセスと主要機能の定義は行う場合があるとしても、本来、詳細な全プロセスおよび全機能の定義は、基本設計で実施した方がよいと著者は考えています。これには反論もあるでしょう。「全ての機能を確定させなければ『要件定義』と呼ばない」という意見もあります。

筆者の見解は、「主要といっても、現時点で洗い出し可能なものは定義し、概要を固めた上で次工程以降に進む。システム開発プロジェクトは時間との戦いである。時間をかけすぎてもいけない。それにウォーターフォール型開発だろうとアジャイル型開発だろうと、この時点で全ての詳細な要件を決めて、かつユーザーの合意を得るのは不可能。ウォーターフォール型であれば反復の余地を、アジャイル型開発であれば繰り返しの中で詳細の要件を定義し、固めていくのが現実的な姿である」です。

もちろん、時間が許すのであればすべて定義すべきです。但し、時間をかければかけるほど、せっかく決めた要件が変化もしくは陳腐化し、リリース時に使い物にならなくなる恐れが大きくなります。本書では筆者の経験から、「完全性」と「時間軸」の兼ね合いの中で、成功するシステム開発プロジェクトにおける要件定義のやり方を説明していきます。

きちんと見える化することが近道になります。業務の流れの中でシステムをどう利用するかをユーザーと開発者が共有することで、ビジネスを円滑に運営できるシステムの開発が実現するからです。それに加えて、データを重視し、変化に強い安定したデータ構造の構築と、「要求・要件のトレーサビリティ」が可能な環境があれば、変化による影響が把握可能になります。ここではまず、「業務プロセスの見える化」を実現するために、業務処理に着目します。

ビジネスはあらゆる業務処理によって成り立っています。そして、そういった業務を遂行する処理のタイミングは、業務の流れが前提であり、その流れを踏まえないことには規定できません。ユーザーは業務の流れの中で自分が担当する仕事を行います。その仕事の単位が業務プロセスもしくは業務プロセスの固まりです。この考えを踏まえて、まず、開発者とユーザーが合意する業務モデルを、業務の流れを前提にしてまとめていくのです。

本書では、一般的に馴染みのあるBFD（Business Flow Diagram：業務の流れ図）をわかりやすくカスタマイズした描き方で、業務の流れを把握できるプロセスモデルを表します。そして業務の流れの中で、個々の業務プロセスを表すアイコンを、線で結ぶ形で表していきます。

もちろん、ほかの表記法でもプロセスモデルを記述することはできます。世の中には様々な手法や描き方があり、どれを使用しても、プロセスモデルを作成する「目的」を果たせれば問題ありません。

その目的とは、開発者（システム屋）とユーザー（業務屋）が、業務プロセスの観点から共通認識を持つことです。そしてその共通認識を、システム稼働後に、ユーザー（業務屋）が現場でマニュアルとして流用できれば、業務視点でシステムが浸透していく手助けとなります。つまり、共通認識を可能とする「共通言語」であることが望ましいといえます。

システム開発の際に作成するプロセスモデルとしての業務フローの目的は、業務改革を伴うとしても、【業務分析→業務改革】を目的としたフロー

とは、目的が若干異なります。システム開発の際に作成する業務フローは、あくまでシステムを使ったプロセスの定義が目的になります。但し最終的に新業務を構築するという狙いは同じなので流用は可能です。

まずは、要件定義で使用するプロセスモデルを通じて、立場の異なる人同志がわかりあえること、つまり「コミュニケーションツール」としてのプロセスモデルを目指します。「わかりやすい」ためには、シンプルであるべきでしょう。あまり複雑でごちゃごちゃしていると混乱を招きます。そして、複雑でごちゃごちゃしているものは間違っていても気付かれにくく、問題が大きくなりがちです。シンプルで分かりやすいものは間違いが発見されやすく、多くの人の目に触れることで品質が向上します。シンプルでわかりやすいメッセージは、誰の心にも届きやすいのです。

×複雑で難しい　◎シンプルでわかりやすい

プロジェクト自体の目的と方向性はトップダウンで決めるべきですが、それだけでは「動く仕組み」は作れません。ビジネス要件からブレイクダウンした業務要件との整合性を保ちつつ、現場の意見を吸い上げて、新業務、システムの要件となる「元ネタ」を貰い、プロセスの形に仕上げていく必要があります。

現実の業務の流れからプロセスモデルを導出するには、業務を実際に担当している人たちとの相互理解が不可欠です。彼らが理解できる表記法でなければ、現場の力を最大限に引き出し、本当に必要なプロセスモデルを

作成することはできません。

　特にエンタープライズ系システムは、企業組織の根幹に関わる仕組みが殆どです。そんなシステムの動的側面を表す業務フローは、ビジネス要件と業務要件を満たすものでなくてはなりません。また、満たすものであることを業務担当者や現場に納得してもらわなければなりません。技術者でなくてもわかる表現が必須です。筆者はむしろ、現場のユーザーこそ要件定義の主役だと認識しています。その主役が理解できない表現では、話になりません。もちろん、企業組織の文化や風土により、「わかりやすい」の意味や条件は異なります。目的を果たせるのであれば、どんな表記法でも構いません。

　業務フロー図をアクティビティ図で描き、ER図をクラス図で描いても、もちろん構いません。ユーザーの合意さえ得られれば、後工程との親和性が高くなるかもしれません。その場合は、本書の内容を読み替えて使用してください。

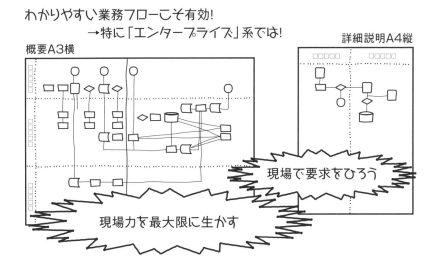

コンシューマー向けシステムにおいても、「ユーザー行動のシナリオ」と

4.3 業務フローの明確化

して業務フローをわかりやすく描いてみることです。業務フロー上に表現された業務プロセスから「お客様視点の」シナリオが浮かび上がってきます。

業務フロー図の意義は、とにかく業務の流れを鳥瞰できることです。鳥の目を持った状態で、ビジネスの動的側面について、関係者同士の議論が可能となるのです。

業務フロー図

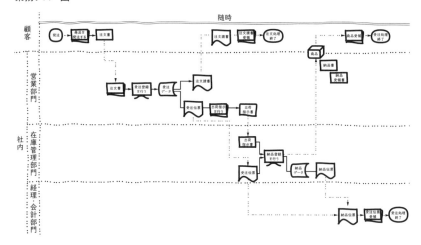

トップダウンとボトムアップ

システム開発の基本原則は「トップダウンで骨組み、ボトムアップで肉付け」です。業務フロー図はトップダウンの考え→ビジネス要件を基に、現場の業務レベル→業務要件の流れに落とし込んだものです。この「骨組み」を明確にする作業を「トップダウンモデリング」と呼び、「肉付け」していく作業を「ボトムアップモデリング」と呼ぶことにします。これはプロセスだけでなく、データに関しても同様の考えでモデリングしていきます。

「骨組み」したものを「肉付け」することにより、業務を強靱にしていかなくてはなりません。その際には、現場力を最大限に活かす必要があります。

トップダウンで落とし込んだ業務フローを基に、現場の要求を要件化して形にしていくのです。現場力を最大限活かした強靭な業務プロセスを作り上げるには、全社最適だけではなく、部門のメリットも考慮しなければなりません。つまり、新しいプロセスが「現場の自分たちにとって価値がある」と思わせる努力が必要になるのです。

　最終的には、現場（エンタープライズ系システムの場合、プロセスオーナーかつユーザー、コンシューマー向けシステムの場合、プロセスオーナー及びユーザーであるお客様）にメリットがないと、システムを活用した業務プロセスは根付きません。開発者、システム部門には、根気よく現場と向き合い寄り添うスタンスが求められます。ここで一緒に業務を作り上げることで、両者の意志疎通がスムーズになっていきます。ここが開発者、システム部門の頑張りどころです。また昨今では、「働きやすさ」を求める機運が高まっています。企業組織の業務プロセスの品質とともに、現場の「心地よさ」が今まで以上に重要視されています。

　強靭な業務プロセスを擁する業務フローは、テストシナリオとしても活用可能です。ある程度、要件定義の内容が固まってきたら、システムテスト計画書のテストシナリオとして使うことを意識して、業務フロー図を作成してみましょう。そのままテスト仕様書にも使えるし、最終的にはビジュアルな業務マニュアルに流用可能です。つまり業務フロー図は、システムの視点からも業務の視点からも活用できるのです。

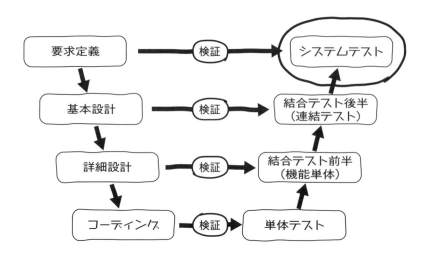

Column

わかりやすさの軽視

巷には「わかりやすさ」を軽視する傾向があります。例えば映画や演劇等では、大衆娯楽作品よりも、難解な芸術作品の方が高尚で価値があるとみなされがちです。何故でしょうか。もちろん芸術も結構ですが、「わかりやすく、大衆に受け入れられる作品がもう少し評価されてよい」と筆者は考えています。

わかりやすさは両刃の剣です。わかりやすいが故に、不特定多数の人の目に触れ、かつ、批判を可能とします。高尚な作品は一部の人しか批評しませんし、そもそも多くの目に触れません。

映画等の作品と、システムの開発手法や表記法を比べること自体ナンセンスと感じる方が多いかもしれませんが、共通項があると筆者は考えています。多数の目に触れて、多数の体験を可能にするが故に様々な評価を受けるものを、一部の人の目にしか触れず、体験価値を共有できないものよりも、下に見てはいけません。「わかりやすさ」は多数の人に批評を許すほどに懐が深く、それ故に価値を持つのです。

Step 業務フロー作成時の留意点

業務フロー作成時の留意点

プロセスモデルとしての業務フローを作成する際の留意点は以下のとおりです。

a. システムが行うべき処理、作業をはっきり区別して記述する

逆の表現をすれば「人間が行うべき作業」、「システムが対応しない作業」をはっきりさせるということです。業務の流れを考える場合に、人間系の処理を軽視してはいけません。「システムが処理しない」＝「人間が処理する」プロセスを明確にしておく必要があります。これは開発対象のシステムの制約でもあります。記述する際に、システム系の処理と人間系の処理をレーンで区切る描き方もあります。分かりやすいようであれば区切りましょう。筆者はレーンで区切るのではなく、各業務プロセスを表すアイコンの違いで分けるようにしています。

筆者の経験からは、まずは人間系プロセスをシステム系プロセスときちんと区別して、正しく定義しておくことです。ところが昨今では、IoT、AI、ロボット技術の進化により、人間系とシステム系のプロセスの境界が曖昧になりつつあります。その場合は「プロセス」が存在することを明確にした上で、とりあえず人間が行う作業として定義しておき、ITシステムが行う作業となった場合には変更可能にしておく方がよいでしょう。

b. 構成する業務プロセスの粒度がまちまちにならないように注意する

特に、複数の開発者が業務フローを作成するような場合には、描き始める前に、業務フローで表現する業務プロセスの単位をきちんと定めておきます。

「UI＝業務プロセス」で描いてしまうケースを見かけますが、それは「業務の流れを表す」というより、画面遷移図に近くなります。それでは目的が違ってしまいます。一般的に業務プロセスは、動詞で完結する「行為」を指します。もう少し詳しく説明すれば、人間が介在するシステム処理または人間系のプロセスの場合は、一人または複数人で原則同じ場所で時間的に連続して実施する行為を指します。人間が介在しないシステム処理は、業務を実施する人が認識するデータに基づき、やはり業務を実施している人が認識する別のデータを出力する振る舞いを指します。UIはあくまでそれを補完するものです。

Step 業務フロー作成時の留意点

　まちまちなレベルの業務フローが林立してしまうのを防ぐには、お手本を真似るのが一番です。あるプロセスの固まり、もしくは業務単位を例にして、お手本の業務フローを描いてみて、皆で標準的な形として認識した上で、それを皆が真似るのです。このお手本をフロー作成時の標準としてもよいでしょう。もし迷ったりブレた際には、手本を基に作成者同士で議論します。

　特に業務フローを階層化していくときは、常に粒度を合わせるべく、お互いに描いた業務フローを参照しあって議論を重ねる必要があります。要件を固めるために開発者とユーザーのコミュニケーションが必須なのは自明ですが、開発者同士のコミュニケーションも必須と考えましょう。開発者同士が定期的にコミュニケーションをとることができる「仕組み」を作る必要があります。

　議論するうちに、当初のお手本では対応できない状況に遭遇するかもしれません。そのときは、短時間でよいので、作成に携わっている開発者を招集して、メンバー皆が納得のうえで新しいお手本を作成していきます。

お手本を基に業務フロー図を作成し、議論する。

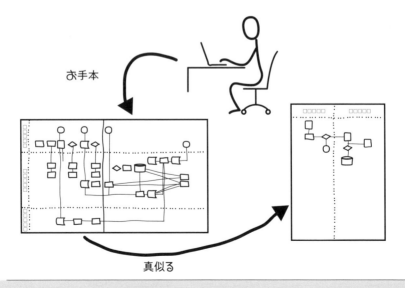

c. 分岐処理が多い場合、分岐ごとにパターン分けをし、業務フローを分割する

パターンごとに別フローを作成し、階層を下げて記述することも検討します。そして、分岐フローを元フローの分岐条件から呼び出す形にするのです。

パターンごとに別フローを呼び出す例

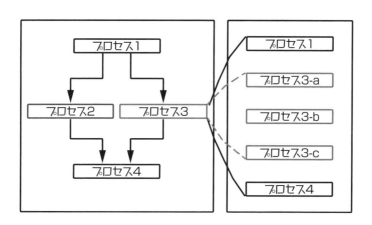

d. 基幹業務を最優先する

　通常業務がスムーズに運用可能になるための業務の流れをまず優先して検討し、フローとしてまとめていきます。特定の分析のために不自然な流れを作るのは本末転倒です。いずれ必要になるかもしれませんが、まずは通常業務です。

　業務の流れには本流と支流がありますが、一連の手続きとして見やすく構成するためには、まず本流の把握、フロー作成を優先することです。また、支流部分だけを抜き出して表現しないことです。その場合、重複しても問題ありません。あくまで独立したフローとしてわかりやすくなるように意識します。

Step 業務フロー作成時の留意点

本流と支流

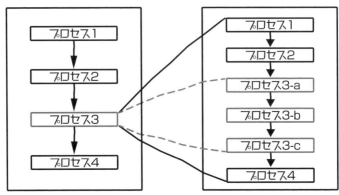

e. レーンを分けて実施者（組織）と実施場所を明確にする。

業務フローに現れる業務プロセスの実施者（実施組織）と、実施場所を明確にしておく必要があります。後述するプロセスのオーナーを明確にすることにより、ステークホルダーの選定を適切に行えるようにします。

ビジネス要件、業務要件レベルでは理想としていた事項が、システム要件化する際に矛盾が生じ、現実には不可能と判断せざるをえない状況に陥る場合もあります。その場合は遡って、業務要件からビジネス要件を検討し直すしかありません。

業務フローを描く際に、現行組織ありきで描き始めると難しい場合があります。特に改革を伴う開発案件の場合には、現行組織ありきの業務プロセス抽出は、現行踏襲の場合であっても危険です。あくまで業務プロセスの視点で流れを整理し、その「役割」を明確にすることを目的とします。実施する役割と部署を明確にすることがセオリーです。

業務フローを描くときは、レーン（スイムレーン）をきちんと分けましょう。レーンの分け方の基準は、「役割・諸室・組織」の違いです。筆者の場合、業務フローを描く際の用紙フォーマットは通常A3横、詳細に描くときはA4縦を使いますが、A3横なら左側、A4縦なら上部に、レーンの見出しを記します。レーンを分けることにより、役割や実施場所

ごとの業務が明確になり、各プロセスに必要な機能を設計する際に大変役立ちます。

レーンを定義するときは、いきなり実際の部署名を記すのではなく、まずは「役割」の違いに注目し、その役割名を記述します。ある程度作業が進んだら、実際の部署名を記述して構いません。スイムレーンを役割で区切り、部署・担当を下に書いておく形でも良いでしょう。

業務フローのレーンを諸室と役割にて分割

Step 業務フロー作成時の留意点

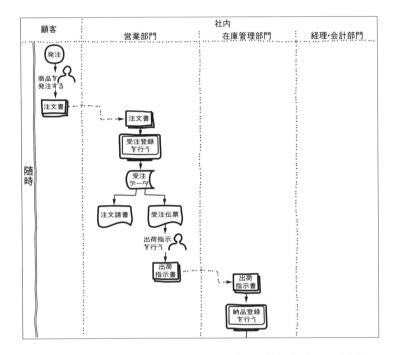

　フローの描き方としては、レーンに区切られた枠内に、各業務プロセスを配置していきます。役割によりレーンで区切られたプロセスは、所管部署（プロセスオーナー）がプロセス単位の実施責任を負うことになります。これは、エンタープライズ系システムでもコンシューマー向けシステムでも変わりはありません。但し、エンタープライズ系システムの場合、オーナー＝ユーザーである場合が多いのですが、他方コンシューマー向けの場合は、オーナーが担当部署、ユーザーがお客様といったようにオーナーとユーザーが異なります。

f. データ量、作業時間、処理開始のタイミングを分析し、実施可否判断を下す

　実施可能か否かを判断する際、物理的に不可能であることが明らかになった場合には、再検討を早急に行います。

g. 業務の流れから発生データを捕獲する。

　業務の流れのなかで発生するデータを捕獲し、フロー上に描いていきます。

　業務フローに登場する業務プロセスが行うであろう、なんらかの登録・更新対象のデータ（エンティティ）を想定できたら、業務フロー図の上に描いておきます。

　フロー図の上に描いたデータに付ける名称は、そのデータを発生させた業務プロセスの名前を連想できる名前を付けましょう。この時点のデータ名は「XXXデータ」で構いません。いきなり参照用の名前にはしないことです。後述するデータ要件の明確化だけでなく、UI・機能要件の明確化、CRUDマトリクス分析でデータ操作を定義する際に、参考になります。例えば「受注登録を行う」という業務プロセスで発生するデータの名称は「受注データ」であれば妥当ですが、「出荷予定データ」では好ましくありません。

（例）業務プロセス：受注登録を行う。発生データ：受注データ

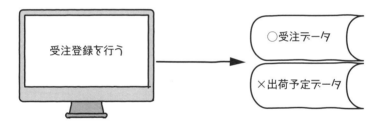

h. 例外パターン

　業務フローの作成時に、どこまで例外パターンを残すか否かは、後々業務プロセスの定義、新ITシステムで必要とされる機能の定義、そして実際に業務を遂行する上で重要な要素になります。

　一般的には、業務はシンプルな方が良いに決まっています。業務を遂行するための機能として開発されるアプリケーションのロジックもシンプルになります。シンプルであることはとても重要です。ITシステムにおいては、まず障害が起こりにくくなります。テストも容易になります。もちろん、業務がシンプルになればビジネスルールもシンプルになります。

Step 業務フロー作成時の留意点

　少しでも例外パターンを減らせないかを検討すべきです。但し注意を怠ってはなりません。その例外パターンが該当企業組織の強みになっている場合があるからです。特に日本の中堅・中小企業に多く見受けます。下手に業務プロセスを汎用化したことにより、その企業組織の強みが失われてしまうことがあります。もちろん、例外ロジックを実装するには、それなりのコストを要することを理解しなければなりませんが、闇雲に例外パターンを除去するのは考えものです。

　手順としては、基本パターンのフローをまず作成し、その後、例外パターンの洗い出しを行います。新業務における必要性を議論し、パターンを減らしていきます。その際に、ビジネス要件との整合性をきちんと図る必要があります。判断の際は常に「ビジネス要件」「業務要件」「システム要件」をブレイクダウンした形で、整合性を意識することがセオリーです。

　ほかにも例外パターンを洗い出す方法があります。業務フロー図の中に書かれた矢印のうち、分岐も合流もない矢印に着目して、例外的な処理がないかを確認する、これが一番有効です。

分岐も合流もない矢印に着目

　上の図では、注文書を元に「受注登録を行う」線に注目しています。実際には受注登録の前に在庫情報を照会する必要があるかもしれません。矢印に例外がないか、きちんとユーザーに確認しましょう。一つ一つの矢印の意味を開発者とユーザーが共有することが大切です。

　なお、キャンペーン等の特殊処理は、例外処理として扱うのではなく、基本処理の一環として考えます。どのような形が想定されるかは、社内の業務プロセスだけでなく、世

間一般を幅広く調査した上で、業務設計を行う方が良いでしょう。

また、業務フローで洗い出すビジネスルール、決定すべき仕様を明確にし、何でもかんでもフローに押し込もうとはしないことです。例えば、データ要件（コード）からは、「種別」「区分」等の条件による処理を捕獲することができます。業務フローに漏れなく記述できればいいにこしたことはありませんが、多方面から（プロセスだけでなくデータの観点から）業務を見ることによって、仕様の漏れを防ぐ方がよいでしょう。条件による処理が、別の業務プロセスとして定義すべきであれば業務フローに描くべきであり、それより小さい単位の処理のパターンは、ビジネスルールとして整理すべきです。

i. 業務フローの並列処理

いわゆる併行処理は、業務フローを作成する際、曖昧になりやすいので要注意です。並列処理なのか、特段に並列である必要がないのかは明白にしましょう。業務フローをUMLのアクティビティ図で描く場合は「フォーク」で記述可能です。本書の表記では、似たような形とコメントで同時性を明確にします。

j. 制約を明確に

新システム全体図で定義した今回開発対象の範囲と制約を明確にした上で、フローを作成します。フローを作成する目的は、プロセス要件の明確化にあり、さらなる要求分析のためではないことに留意しましょう。

k. ToBeとAsIs

業務改革を伴うプロジェクト等では、ToBeを表すフローとAsIsを表すフローが大きく違ってきます。こうした場合、対象となる部分的なプロセスの塊について、ToBeのフロー図とAsIsのフロー図を並べて見比べ、相互の違いがどこにあるかを明確にします。それをユーザーに早い段階で見てもらい、変更点をきちんと認識してもらいます。

Step 業務フロー作成時の留意点

ToBe と AsIs を並べて比較

業務フロー図で業務プロセスを定義するのは、「相互理解の促進」のためであり、前述したとおり「相互翻訳の一環」でもあります。血の通った業務フロー図を作成し、実際に業務イメージを肉付けする必要があるのです。

AsIs のプロセスモデル（業務フロー図）を新たに作成する必要性が生じたら、打ち合わせ時に LIVE で作成してしまいましょう。開発者がユーザーから聞き取りをしながらホワイトボードに描き、同時に確認を取るのです。時間をかけず AsIs の概要を把握することが肝要です。

l. 人間が主導権を握っている

先ほど説明したとおり、「人間系プロセス」をきちんと定義することはもちろんですが、業務の流れ、そしてその流れを形づくる業務プロセスは、IT を活用したものであっても、人間が主導権を握っていることを忘れてはいけません。つまり、人間が現実に処理可能な業務プロセスを定義しなければなりません。これは UI を考える上でも重要な点です。ただ遠くない将来、AI が発達して人間から主導権を奪取する時代が来るかもしれませんが…。

上記の留意事項を考慮しつつ、業務フローおよび業務プロセスの定義、ユーザー確認、合意形成改善点がなくなるまで繰り返すことで、強靭なプロセスモデルが完成していきます。

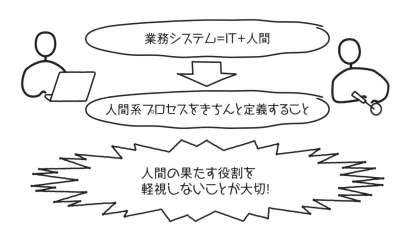

業務プロセス要件の明確化

改めて「業務プロセスとは?」

本書で述べる「業務プロセス」とは、「経営の目的を達成するための活動」を指します。一般に「ビジネスプロセス」などと呼ばれるものと同義です。

業務プロセスは、一連の仕事、行為の単位でもあります。業務プロセスでは何らかの「入力」を元に、何らかの出力(成果)を行います。出力(成果)は「全く別のもの」である場合も、同じものの状態遷移である場合もあります。

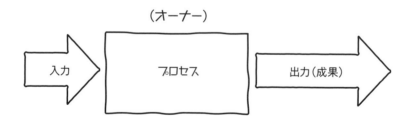

例えば、「検討する」といったように、成果を測定できない行為は本来プロセスではありません。時間ばかりかけてダラダラと何も決まらない会議は、成果を伴わないのでプロセスではないのです。

見直しをせずに業務プロセスをIT化した場合、効果は「自動化」による効率化のみです。せっかく新たにシステムを開発するのに、それでは物足りないという話になります。これからは単なる「自動化」ではなく「デジタ

ル化」が求められます。業務プロセスの見直しをきちんと行い、「デジタル化」に対応可能な価値あるプロセスにしていきましょう。

　業務プロセスの目指すレベルによっては、標準化を行い、システム要件以外の要件、例えば、導入前の教育が前提になることがあります。その場合、人事的処置等、システム以外の処置が必要になるかもしれません。

アイコン

　本書ではわかりやすい業務フローを描くために、個々の業務プロセスや処理を表す際には、開発者もユーザーも直感的に内容を把握できるようなアイコンを使用することを推奨します。

アイコンの例

　例えば「〜を入力する処理」であれば、PC等に向かって入力する様子、「〜を運ぶ業務」であれば、人がモノを運んでいる様子をアイコンにします。そうしたアイコンは自分で作ることもできますが、フリー素材としてインターネット上にたくさん公開されていますので、参照してみてください。

ビジネスルール

　業務フロー図を描いていくと、様々なビジネスルールが浮かび上がって

4.4　業務プロセス要件の明確化

きます。逆の言い方をすれば、ビジネスルールに基づいた業務プロセスを表すように、業務フローを描かなくてはいけません。いずれにしても、ここで浮かび上がってきたビジネスルールは「ビジネスの動的なルール」として定義されることになります。

ビジネスルールは判明した時点で、その時に明白になっている事実を書き出しましょう。思いついたら、最初は題名とメモ書きだけでも構いません。何らかの「決めごと」により描かれたフロー図であることを明確にしておきます。

このビジネスルールの集まりは、業務フローによるプロセスモデルの精度を高める意味を持ちます。そしてビジネス要件、業務要件、システム要件を網羅するものになります。

業務フロー図の作成時に抽出された業務ルールは、「ビジネスルール集」にまとめておきます。そして業務フロー図の上にも、この業務の流れが該当ビジネスルールにより固まった旨を、ビジネスルールの題名の形だけであっても記述しておきましょう。ただし、業務フロー上に全てのビジネスルールを記述すると、ごちゃごちゃして業務フローが見にくくなってしまうので、適度に抑えましょう。

改めて業務フローを階層化

プロセスモデルとしての業務フロー図は、階層化して作成し、管理していきます。経営方針＝ビジネス要件（ビジネス要求を満たしうるもの）から業務要件に落とし込む際に、業務フロー階層の最上層で、ビジネスモデルとの整合性とともに、経営トップの「思い」を表現します。

業務フロー階層は「ビジネス要件」と「業務要件」に基づいてブレイクダウンしていきます。必然的に最上層のフローはプロセス関連図に近いものになります。

そして、トップダウンの「思い」が、最終的に最下層のフローで使用する

業務プロセスの定義に引き継がれていくように心掛けます。当然、上層のフローは「システム要件」以外の「ビジネス要件」「業務要件」をより強く満たすフローになります。これは、システム稼働日までに「ビジネス要件」「業務要件」を満たす形にならなければ、システムが稼働しないことを意味します。「ビジネス要件」「業務要件」として満たさなければならない要件としては、組織、人員、インフラ等のリソースの再配置等があります。

プロセスモデルには、システムが稼働するための「ビジネス要件」「業務要件」についても、制約として記述しておきます。それがビジネスルールになることもあります。このことにより、システム開発以外の「覚悟」を企業組織に突き付けることになります。

業務プロセスとしての業務フロー

要件と業務フロー階層

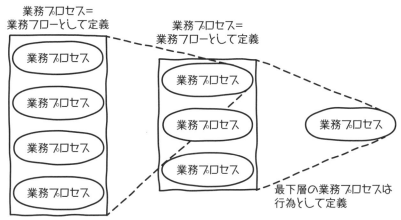

トップダウンとボトムアップの両方から業務プロセスをあぶりだして業務の流れを確立していきます。トップダウンモデリングを基本としつつ、

ボトムアップモデリングで業務プロセスを明確化するのです。さらに ToBe を基に AsIs を踏まえて新 ToBe フローを作成することにより、プロセスモデルの価値は増大します。こうして作成した「きちんとした ToBe 業務フロー」は、それ自体が企業組織にとって貴重な財産になり、以後、立派な AsIs 業務フローとして活用できるようになります。

　現場の問題点や課題を解決するためだけに、業務を整理した業務フローを最初から作ってはいけません。あくまで、トップダウンの視点で枠組みを作成し、ボトムアップで肉付け、が大前提です。トップダウンでプロセスを見直すことにより、現場が問題と認識しているプロセス自体がそもそも必要でなくなることもあります。現場の力は大きいですし、大切にすべきではありますが、引っ張られすぎてはいけません。小手先の解決を図ろうとすると、労力ばかりかかって、結果が出ないという事態に陥りがちです。

パッケージ使用時の業務フロー

　パッケージ導入の場合、パッケージに用意された UI やマニュアルを基に、業務フローを作成します。AsIs とのフィット＆ギャップではなく、ToBe を作り上げていくような姿勢が望ましいでしょう。いずれにしても、パッケージの仕様に「業務プロセスを寄せていく」努力は必要になります。

ToBe 業務フローとパッケージ

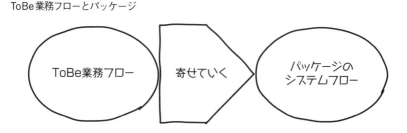

業務フローの位置づけ

ToBe業務フローはビジネス要件を基にした業務要件を満たし、システム要件を反映したものになります。先程の表現を借りれば、ビジネス要件と業務要件を満たしつつ、ビジネス要件の度合いが強いプロセスの固まりを、業務要件の度合いが強いプロセスの固まり、プロセス要件に落とし込み、システム要件を満たすプロセス、機能の定義、仕様まで落とし込んでいくのです。

各要件とプロセスとの関係

現場の人間を惹き込む

プロセスモデルとしての業務フローは、現場の人間の視点に立って業務を表現し、その表現を共有していきます。

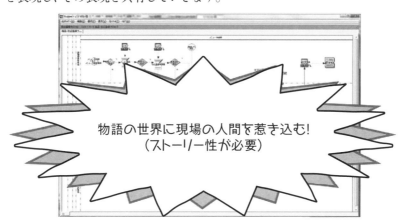

業務フローの作成者(開発者)は「ストーリーテラー」である必要があります。そしてユーザー（現場）との間でコミュニティの物語を共有していくのです。

　具体的には、物語のイメージを共有すべく、業務の流れを表す線を開発者が赤ペンでなぞって、業務フローの一つ一つの線をユーザーとともに確認し、確定していきます。そのようにして、現場ユーザーを主人公とする業務の物語を作り上げるのです。理想は物語の登場人物達が自主的に動き出すところまで持っていくことです。

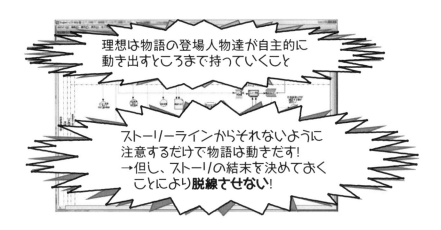

　難しいことのように思われますが、やってみるとそれほどではありません。ある程度、業務フローの物語に巻き込んだら、ストーリーテラーは登場人物達がストーリーラインからそれないように注意するだけで、物語は動き出します。その際、注意点が二つあります。

　ひとつは、ストーリーの結末をきちんと決めておくことです。これにより脱線事故を防ぐことができます。その際ストーリーテラーには、物語の最後にハッピーエンディングを用意しておく気持ちが求められます。業務の順番どおりに描く必要はありません。物語のエンディングを先に決めて、遡る形でストーリーを確立することもあります。

もうひとつは、物語をつくる上で、シーン(エピソード～プロセス)ごとの主人公と、フロー全体の主人公(プロセスの固まり、フロー単位のオーナー)、登場人物(プロセスのオーナーまたはユーザー)を明確にしておくことです。
　物語に有効なITを使った業務プロセスを提示し、登場人物の間で共有しながらプロセスを固めていくのです。利用部門の担当者に、業務フローを遂行する「主人公」の視点に立ってもらうように、図の内容に引き込む工夫が必要です。コツは以下の二つです。

① これからチェックする業務の前提を伝えること。詳細な状況設定をすると、新業務フローのイメージを具体的に持ってもらうことができ、仕様の漏れが見つかりやすくなります。まず、物語の背景を伝えた上で、物語に入っていくのです。

② 利用部門の担当者に新業務フローの内容を説明する際、業務の流れを示す矢印を、鉛筆やペンで辿りながら話すことです。物語を共有しつつ進めていくのです。順を追って説明することで、図で示されている業務の流れを、利用部門の担当者が具体的にイメージでき、仕様漏れを指摘しやすくなります。

　利用部門の担当者を業務フローに惹きこむテクニックは、データ要件の明確化において、システムに必要なデータ項目の漏れをチェックする場面でも活きてきます。詳しくは「データ要件の明確化」の項で説明します。
　業務フローの内容に利用部門の担当者を惹きこんだ上で、別途準備した業務で使う画面イメージを提示します。「この場面でシステムに入力できないと困るような機能、データ項目はないか」を確認します。利用部門の担当者が具体的な業務イメージを持ってくれているので、「XXX画面ではXXXのデータ項目が必要だ」といった指摘を得ることができます。これにより業務プロセスと共に、データ要件、UI・機能要件を明確にすることができます。次項以降で詳しく説明します。

4.4 業務プロセス要件の明確化

UXと業務プロセス

　UXはユーザーの体験価値そのものです。UXから、ユーザーシナリオの大枠（使用前後の体験含む概要業務フロー）、業務フロー、業務プロセス、そして使用するUIが明確になります。ユーザーシナリオから当該業務プロセスの前後含めた大きな範囲の業務フローを導き出し、ペルソナを動かしてみることにより、業務プロセスと、業務プロセスを支援する機能、UIが浮かび上がってくるのです。

　今回、業務プロセス要件を明確化するにあたり、該当業務フロー以前、以後の体験を想像してみます。

　　(前) 気づき→（―――業務プロセス―――）→ (後) 感動

　前後の間を取り持つ業務プロセスはどうあるべきかを想像し、策定していきます。また、コンシューマー向けシステムの場合は特に、今回開発対象のシステム以外のプロモーション（例えばプッシュメールやSNSキャンペーン等）を要する場合、それも業務フロー（プロセスの連なり）の一つ（業務プロセス）として表現しておきましょう。気づき（プロモーション）から、ITシステムを使用する業務プロセス及びUIを想定し、ユーザーシナリオの抽出につなげていきます。使用前後を含むUXを実現するために必要な業務フローを明確にし、その中で有効な業務プロセスの定義（5W2Hの定義）を行い、その5W2Hを満たす機能とUIの定義につなげていきます。

5W2Hの定義

　業務フロー上に現れる業務プロセスの定義を行います。「業務プロセスの定義」とは、以下の5W2Hを定義することです。

　　When： 　　いつ → 実施タイミング（事前／開始条件含む）
　　Where： 　　どこで → 場所、組織
　　Who： 　　誰が → 担当者、ユーザー

What：	何を → 対象データ
Why：	何のために → 目的、狙い、当該プロセスが完了した時点で達成される目的と、事後条件（プロセス完了時に達成できていること）、を含みます。事後条件としては、例えば、受注データが記録されたことにより、「顧客と合意した契約内容が記録されたこと」等が挙げられます。
How：	どのようにして → 実施要領（制約条件含む）（ユースケース記述まで書くのが望ましいが、シナリオ（手順）までは最低でも把握可能なレベルで記述する）
How many：	どれくらい → データ量、時間

　2つのHにはHow Much（いくら）、How Long（時間）を表す場合もありますが、本書ではHow（実施要領）、How many（量・時間）を表すものとします。

　業務フローを構成する個々の業務プロセスについて、上記の5W2Hを記述していきます。

　少し観点を変えると、業務プロセスは3つの条件を持つといってもよいでしょう。これらについても、上記した5W2Hのなかで定義していきます。

- 開始条件→タイミング、トリガー
- 制約条件→例：「お客様が登録するならば」、「伝票にミスがなければ」
- 前提条件→例：「プロセス開始時に必要なインプットが終わっている」等

　業務プロセスは、成果を評価するときの単位にもなりえます。プロセス品質の評価（手作業か否か問わず）を可能とするのです。なお、KPI（key performance indicator：重要業績評価指標）の測定は、プロセスの固まり（連鎖）により可能になります。

　記述してみて、5W2Hをうまく定義できなかったり、明確でない場合

は、その業務プロセスが果たして本当に必要なものかどうかを疑った方がよいかもしれません。

業務プロセスの統合と分割

　各業務プロセスの5W2Hの定義が一旦終了したら、Excel等の一覧表形式で出力してみます。一覧にしてみると、同じような5W2Hを持つ業務プロセスが複数あったり、5W2Hを強引にまとめたけれども、実際には別々にした方がよいと思われる業務プロセスが見つかることがあります。

　ここは熟考すべき時です。システムの標準化の観点からは、業務プロセスをできるだけ統合し標準化することが望ましいといえます。但し、本当に業務の観点から適切であるのかについて、充分に議論した上で決定しなければなりません。つまり「ビジネス要件」「システム要件」の観点からは統合を推進すべきであり、「業務要件」の観点からは熟考を必要とする場合です。これは「現場の強み」に繋がり、それが企業組織の存在価値を左右しかねないものが対象である場合があります。そういった意味では「業務要件」から遡り「ビジネス要件」を再考する必要に迫られることになります。

　特に、明らかに同一の業務を複数の場所や組織で行っている場合等は、複数の定義を認めることにより、同一プロセスとみなすことができます。「どこまでを1つの業務プロセスとみなすか」については、開発者、ユーザー含め皆できちんと議論し決定します。そして業務フローと同様に、5W2Hの定義方法の「お手本」をつくり、皆で真似るのがよいでしょう。

　また、業務プロセスの統合や分割を行った場合は、業務プロセスの新規登録や、正しい5W2Hの定義を行った後、業務フロー図に反映しておきます。

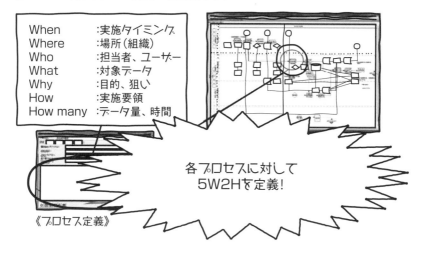

システム開発プロジェクトでは様々なことが起こります。混乱が生じることもあるでしょう。主に機能の検証を詳細に行う際によく混乱が生じます。

何らかの理由によりプロセスがブレそうな場合には……

「5W2Hに戻る！」これしかありません。

該当プロセスの5W2Hを基にUIがデザインされ、機能が定義されているか、何らかの理由により逸脱しているかを確認し、違和感が生じた際には、別プロセスへの分割を検討します。

5W2Hを固めるためのプロトタイプ

業務プロセスの5W2Hがなかなか固まらない場合には、簡単なプロトタイプを作成し、画面イメージを基に議論し、詳細を詰めていきます。

ラフデザインを手書きで作成するレベルで構いません。まず想定しうる5W2Hを満たすプロトタイプを開発者が作成し、ユーザーに確認してもらいます。両者で検討した結果をフィードバックして、プロトタイプに修正を加えていきます。ここではUIを固めることを目的とせず、5W2Hの確

定に終始します。画面イメージを基に議論すれば、業務プロセスの「主人公」や「登場人物」達が活動するために必要なプロセスが具体的に浮かび上がってきます。

業務プロセス定義と業務フローとの整合性を考慮する上で、以下の2点に留意します。

① 業務プロセス単体では品質が高くても、プロセスの固まりを基に策定した業務フローレベルでは、品質が落ちてしまう場合があります。これは全体最適の視点が欠けている場合に起こりえます。その場合、プロセスオーナーが納得する落とし所を見つけ、業務プロセス単体の見直しを行っていきます。サッカーに喩えると、「いいパスを出しても受けきれない」場合もあるのです。

② 業務プロセス単体に問題があることが明白な場合は、オーナーに事実を認識してもらい、プロセス自体の改善を即刻行います。

自ら動いて仕様を固める

業務フローを確定するときは、できるだけ早い段階で仕様を決めるよう、開発者（チーム）側から積極的に働きかける必要があります。「早く決めてください」と口だけで言っても、ユーザーからは「まだ調査中です」「部門間での調整が必要です」といった返事がかえってくるかもしれません。実際、筆者が業務フローの矢印について、分岐や合流の有無を確認した際にも、利用部門の担当者から曖昧な答えしか得られないことがありました。

そんな場合は、利用部門の担当者に「この業務フローの分岐の有無が分かる人は誰ですか？」と尋ねて、食い下がるくらいの覚悟で業務フローを固めていかねばなりません。詳細を知っている人、決められる人を突き止めて確認できなければ、仕様が漏れたまま設計を進めることになりかねないからです。その担当者の上司や同僚が知っているのか、それとも別の利用部門の誰かなのかを聞き出したら、自ら確認に動きましょう。 待っていて

も事態は好転しません。「主体性を持って動く」ことがセオリーです。

　開発者(作成者)が業務フローを作成する際に、「ユーザーが現場の強みを生かすこと」、そして「管理業務の負担を大きく下げるというさらなる価値を生むこと」が、企業組織にとって重要であることを常に意識しましょう。

　以上を踏まえて、プロセスモデルを表すToBe業務フロー図を作成しましょう。「ToBe」はあるべき姿を示すと同時に、新システムの稼働時のイメージとなります。業務処理内容の違いを様々なアイコンの形で表し、前後関係や時系列に沿って並べ、それらを線で結んで数珠繋ぎにすることで、一連の業務の流れを表します。

　「最小の労力で最大の効果」を求め、このセオリーを繰り返し確認しましょう！　管理すべき情報が少ないほど、容易に情報の品質を保つことができます。「当たり前のことをやれば、きちんと成果を出せる」という仕事環境が理想です。そのために筆者は、プロセスモデルの表現に業務フロー図を使用することで、成果を出しています。

Step 「ToBe業務フロー図」の作成手順

「ToBe業務フロー図」の作成手順

具体的な「ToBe業務フロー図」の作成手順は以下のとおりです。

Step 1　全体を鳥瞰可能なレベルの業務フロー図を作成する(トップダウンモデリング)

　RFP、規定、ビジネスルール、新システム全体図、要件定義書、AsIs 現行業務フロー図(存在すれば)を基に、全体のおおまかな流れを描いていきます。ToBe プロセスモデルが存在する(業務分析工程で作成済の)場合は、要求と要件の差異を意識しつつ修正していきます。

　最初に、全体を鳥瞰できるレベルの業務フロー図(全体図)を作成します。印刷した際に1枚の紙、もしくはプロジェクター1画面に収まるように描くのが理想です。印刷時の用紙サイズはA3横が適当でしょう。

　作業は新システム全体図を業務の流れに落とし込むイメージです。システム全体図で想定した「サブシステムとなりうる業務領域」を1つのアイコンとみなし、業務の流れの前後関係が明白になるように、矢印でつないでいきます。ラフで構わないので、とにかく全体を捉えることを目的とします。

Step 2　全体図の各アイコンを1枚の業務フロー図に分解(トップダウンモデリング)

　上記 Step 1の全体図には、独立した1つのサブシステムとなるような業務領域のまとまりが、それぞれ1つのアイコンで表されています。次に、そのアイコン1つ1つを、1枚(1ページ)の業務フロー図へと細分化していきます。

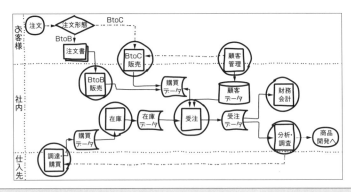

個々の業務領域の中味を分析し、より小さな、複数の業務プロセスの流れ（手順）として整理していきます。このフロー図も全体図と同じく、アイコンを矢印でつないだ形で表します。全体フローにおける個々のアイコン、もしくは、もう少し大きな括りの業務領域ひとつひとつが、それぞれ1枚の紙に収まるように、業務の流れを細分化しながら「2層目の業務フロー」を描きます。ある程度以上の大きさのシステムであれば、1枚の全体フローから、全体フローに描かれたアイコンの数分の2階層目のフローが作られます。

コンシューマー向けシステムにみられる、業務領域がある程度定まったシステムの場合、このトップダウンモデリングの必要性は低いと言ってよいでしょう。その場合は後述する最下層の業務フローを作成します。

Step 3　業務フロー図をさらに細分化する

さらに、もう1階層下のフロー図を描いてみましょう。このとき、同じ階層に位置する図同士の間で、アイコンの粒度（意味する範囲・大きさ・抽象度）を揃えておきましょう。このあたりから、業務プロセスの粒度に誤差が生じる可能性が出てきます。3階層目以降はお手本フローを作成し、皆でそれに合わせるようにしましょう。

これら何枚もの図同士の間で、業務領域の幅（業務範囲）などに関し、厳密に整合性がとれていなくても構いません。漏れは困りますが、少々の重複は構いません。迷ったら大き目の業務領域でフローを作成することです。階層間のフロー同士の関係が明確であり、同じ階層にある図同士の視点の高さが明らかに食い違っていたりしないレベルを目指して作成します。

Step 4　業務プロセスに命名する

すべての階層の業務フロー図の中で、アイコンで表わされた業務プロセスを命名していきます。最下層以外のアイコンが表す業務プロセスは、業務領域をブレイクダウンしたものです。動詞句ではなく名詞で、業務内容のわかりやすいプロセス名を付与します。

最下層の業務フローに記載された業務プロセスは、最も細かい単位の業務プロセスです。具体的に何を行う場面なのかが明確になるよう、「〜する」と動詞句で終わる記

Step 「ToBe業務フロー図」の作成手順

述を行います。

例えば、最下層以外では、業務フロー自体を業務プロセスの固まりとみなし、「在庫」「営業」等、もしくは「在庫プロセス」「営業プロセス」と命名し、最下層では「受注する」「登録する」と命名します。これにより、最下層とそれ以外の業務プロセスを明白に区別できます。

Step 5　外部／内部インターフェースの定義を行う

次に、主要な外部インターフェースと業務間（内部）インターフェースを明確化します。他社や社内にある他のシステムとの間、それに前記 Step 2 および Step 3 のフロー図に記された業務同士の間での連携を記載して、業務の流れの中で整理していきます。ここでは改めてシステム全体図を参照し、整合性を確保します。

Step 6　フローの詳細化（トップダウンとボトムアップ）

業務フローをブレイクダウンして、最下層のプロセスを表すまで階層化していきます。上位フローに表れるアイコン一つ一つを、下位フローへ展開していきます。上位フローの目的を果たすために、下位のフローが手段として存在するように描いていきます。また、大規模な案件でも5階層くらいで最下層に辿り着くようにすると、後々見やすいものに仕上がります。

基本的には、ビジネスの階層構造に沿って上位から下位へ、目的から手段へと掘り下げていくと、スムーズにフローを階層化できます。また厳密に上から下に階層化するだけでなく、最下層のフロー図を描けるようであれば先に作成してしまい、それをグループ化して一つ上の階層のフロー図を作成します。

下位フロー図を上位フロー図のアイコンとして表し、アイコンの集まりを1枚のフローとしてまとめあげるイメージです。つまり、トップダウンとボトムアップを合わせて実施することにより正当な階層化を伴った業務フローが完成します。なお、要求段階で作成したToBeプロセスモデルにはトップダウンが強く作用し、ボトムアップの視点が弱いことが多いので、見直す際には注意が必要です。

Step 7　業務フローの定義

　階層化された ToBe 業務フロー図に対して、概要を定義しておきます。概要定義に記述すべき内容は、大きく①「業務の流れの説明」と、②「業務フローの存在意義」の2点です。後者については、後述する業務プロセスの定義と同様です。

　本工程で作成した業務フロー図は、後々の開発工程や保守工程でも繰り返し参照されます。もし後工程において、業務の流れを変更しなければならないことが判明した場合、本工程で作成した ToBe プロセスモデル（業務フロー図）にも、きちんと理由を付けて反映しておいてください。

Step 8　スイムレーンを分ける

　スイムレーンを適切に分け、個々の業務プロセス同士を矢印線で結んでいきます。用紙サイズが A3 横なら、レーンの見出しを左に配置して左から右へ、A4 縦ならレーンの見出しを上に配置して、上から下へ業務の流れを記述していきます。

Step 9　外部データとの連携を詳細に記載する

　外部データとの連携を詳細に記載します。連携方法、連携の方向、受け渡す情報や物、それらと業務処理の関係をわかっている範囲で記述しておきます。

「トップダウンで骨組、ボトムアップで肉付け」の徹底

　あえてしつこく、繰り返し強調しておきます。これは業務フロー図を描く際に限らず、システム開発全般において、常に頭の中に入れておくべき言葉です。

　本項の最初でも「トップダウンモデリング」「ボトムアップモデリング」という言葉とともに説明していますが、この言葉はプロセスモデル作成時にとどまらず、データモデルを作成する際にも、仕様を固めるための基本原則になります。「現場の知恵」は有効ですが、ボトムアップが強すぎると、どうしても部分最適に引っ張られてしまいます。間違っても、ボトムアップによってトップダウンを潰すようなことは避けねばなりません。

Step 「ToBe業務フロー図」の作成手順

Step 10　最下層の業務プロセスの5W2Hを定義する

最下層の業務フローを作成した後、各フロー上に表されている業務プロセスの5W2Hの定義を行います。

Step 11　各業務プロセスを統合または分割する

定義した業務プロセスを一覧に書き出し（出カシ）、業務プロセスの統合、分割を行い、その結果を業務フローに反映させます。

実施作業の場合分け

以上の作業項目を、右の表の場合分けに応じて、適宜、実施していきます。

	新規	修正
エンタープライズ系システム	❶	❸
コンシューマー向けシステム	❷	❹

❶の場合、ToBeプロセスモデル→AsIsプロセスモデル→新ToBeプロセスモデルの流れをきちんと踏襲して、新ToBeプロセスモデルを作成していきます。ToBeプロセスモデルが存在しない場合は、要件（特に業務要件）を基にToBeプロセスモデルとしての業務フローを作成します。

❷の場合、新ビジネスの創出であるなら、AsIsを意識することなく、お客様視点のプロセスモデルを作成していきます。

❸❹の場合、ビジネス要件レベルであれば、❶❷と同じ流れでプロセスモデルを作成します。業務要件レベルであれば、プロセスモデルの見直しを行います。❸❹の修正において、老巧化によるリプレース（置き換え）は要注意です。既存機能の焼き直しの場合、フロー本流自体は変更がないため、プロセスモデルでは変更点の確認ができない場合があります。

UI・機能要件の明確化

UIと機能

業務プロセスの定義(5W2H)を実現するために必要とされるユーザーインターフェース(以下UI)の概要を検討し、画面UIラフデザイン及び画面遷移図を作成します。併行してUIを実現する機能についても定義していきます。

本書における業務プロセス、UI、機能の関係は以下のとおりです。
- 機能は、業務プロセスを支援する(成立させる)ために存在する。
- UIは、業務プロセスを支援する機能を成立させるために存在する。

本項では上記の観点からUIと機能を明らかにしていきます。

UIの基本形

UIは基本形として以下の画面要素を持ちます。
- 検索
- 参照表示
- 選択
- 入力
- 実行(ボタンクリック)

- 結果表示
- 画面遷移（他画面へ）

上記7点の形を基に、UIと画面遷移を要件化していきます。

情報システムにおけるUIの意味

　企業情報システムにおいてUIは、「ユーザーに円滑にデータ操作を行ってもらう」ために存在します。ITを使用した情報システムとユーザーとの間を取り持つのがUIの役割です。業務プロセスの5W2Hを実現するために、ユーザーに「円滑に」データ操作をしてもらうことができてはじめて、UIは価値を持つのです。

UIにおけるデータ操作とは？

　この「データ操作」とは、データに関する以下の4種類の操作を指します。
- 生成（Create）
- 参照（ReadまたはRefer）
- 更新（Update）
- 削除（Delete）

　これらの頭文字をとったものが、後述するCRUDです。目的に沿った、この4種類のデータ操作を円滑に行うために必要なUIを考えていきます。

UI確定のためのプロトタイプ

　業務プロセス要件の明確化において、プロセスモデル確定のためのプロトタイプを作成しました。作成したものを流用できればもちろんそれにこ

したことはありませんが、UI確定のためのプロトタイプは作成意図が異なります。実装され実際に使われるUIを、ここでは想定する必要があります。必然的に、今までに作成したものよりも、詳細になります。データ操作をいかに円滑に行ってもらうかにフォーカスしたUIを作成します。

この時点で作成するプロトタイプは、ある程度ユーザービリティに踏み込まざるをえませんが、それは別途詳細に行うこととし、ここではUIが実現すべきデータ操作を明確にしていきます。

UI確定のためのプロトタイプ

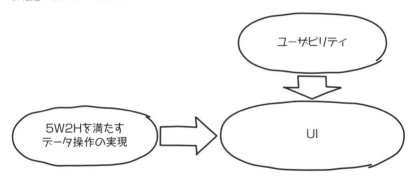

業務プロセスの5W2Hを基にUIプロトタイプを作成する際、どのエンティティに対するデータ操作かを明確にし、後述するCRUDマトリクス作成の際に登録していきます。また可能であれば、どの属性（想定で構いません）に対するデータ操作かも明確にしておきます。

UIと機能

前述のように、「UIは機能を実現するために存在する」と筆者は考えています。そのため、「UIと機能は併行して定義すべき」とも考えます。つまりUIが固まることにより機能が固まり、機能が固まることによりUIが固まるのです。

但し、一つだけ例外があります。それは「バッチ処理」です。バッチ処理は機能として業務プロセスを支援するものですが、UIを持ちません。業務プロセス要件の明確化で作成したToBe業務フローに、業務上必要なバッチ処理が業務プロセスとして定義されているかを確認しましょう。

　もちろん、コンシューマー向けECサイトのように、バッチ処理が存在しないシステムなら必要ありません。但しその場合でも、注意すべきなのは外部・内部を問わずデータ連携、集計処理です。そういった意味ではECサイトであっても、基幹系システムとの連携があるのなら要注意です。

ユーザーシナリオ

　UXから大枠のユーザーシナリオ（体験前後を含む概要業務フロー）は抽出済みですが、ここではエンタープライズ系かコンシューマー向けかを問わず、定義した業務プロセスから詳細なユーザーシナリオを抽出します。これはユースケース記述で表しても構いません。ユーザーシナリオは「一連の行為」である業務プロセスを基に、実際にUI操作レベルまで落とし込んだ手順を想定します。

　特にユーザーシナリオの中でデータ操作に着目し、UIと機能を想定していきます。コンシューマー向けシステムの場合、そのユーザーシナリオには、主人公としてお客様のペルソナがアクターとして登場します。ユーザーシナリオに登場するアクターは業務の役割（担当）を表し、ペルソナは実際に「顔」を持った登場人物になります。ペルソナがウキウキするようなストーリーを想定してUIを検討しましょう！コンシューマー向けの場合、特にユーザービリティが差別化の大きなポイントになります。お客様視点を最重要視しましょう！その点については「ユーザービリティの明確化」の項で詳しく説明します。

業務プロセスからユーザーシナリオ（ユースケース）を抽出する

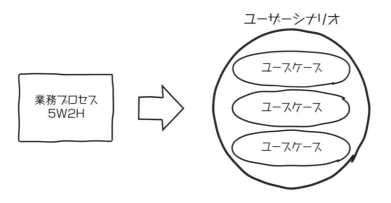

　初期のユーザーシナリオから、UIを意識したプロトタイプを作成し、さらなるユーザーシナリオの磨き上げを繰り返すことにより、UIが固まっていきます。
　以下は、自然言語で記述したユーザーシナリオの例です。主人公はペルソナです。
　「鈴木太郎は、以前から気になり、店舗やWebサイトで比較検討していたプリンタを購入することにした。12月23日、書斎の机に置いてあるノートPCでサイトにアクセスし、併行して、価格比較サイトで該当サイトの価格が最安値であることを確認してから、商品をカートに入れた。購入に用いるクレジットカード情報や届け先情報は、サイトに会員登録した際に登録済みであるが、会員番号の入力で間違ったため、エラー表示された。慌てて正しい会員番号を入力後、商品選択後の確定処理を行うことで購入を行った。その際、レコメンド表示された消耗品も思わず購入してしまった」。
　この例文のように、ペルソナを主人公とするまさにシナリオを自然言語で記述するわけですが、ユーザの行動や振る舞いを明確にすることを意識して、以下の内容を想起できる内容であることが望ましいでしょう。

- ユーザのUI操作とそれに対するシステムの応答内容
- シナリオの基本パターンと代替パターン

4.5　UI・機能要件の明確化

・シナリオが中断して終了するパターン

ユーザーシナリオをユースケース記述の形式で書くと、以下の例のようになります。

ユースケース名：	【「(システムは)XXをXXにする」という形で記載する】 予約情報を登録する。
概要：	【内容を要約して記載】窓口担当者が予約情報をシステムに入力すること。
アクター：	【使用者】窓口担当者
事前条件：	【事前になされるべき条件(省略可)】 ① 予約可能座席が用意されている。 ② 会員登録がされている。
事後条件：	【事後に整う条件】(省略可) 予約情報が登録済みである。
基本フロー：	【アクターとシステムの対話を順序を付けて記載】 ① 窓口担当者は会員番号を入力する。 ② システムは会員情報を表示する。 ③ 窓口担当者は予約座席を選択する。 ④ システムは予約座席情報を表示する。 ⑤ 窓口担当者は予約確定入力を行う。
例外フロー：	【アクターとシステムの例外の対話を記載】 ①で会員番号が無効の場合、システムは会員番号が無効であることを表示してユースケースを終了する。
代替フロー：	【アクターとシステムの代替の対話を記載】 ⑤の前に予約座席の追加がある場合は③に戻る。

事後条件を満たすフローが「基本フロー」及び「代替フロー」であり、途中で中断するフローが「例外フロー」になります。

シナリオ：　　　【事例・・・ペルソナが主人公】

① 窓口担当である田中太郎はお客様から会員番号を聞き出し、会員番号＝12345を入力する。
② システムは該当会員である会員名＝鈴木次郎の会員情報を表示する。
③ 田中太郎は希望座席を聞き、該当座席を予約する。
④ システムは予約座席名を表示する。
　③-2 田中太郎は希望座席を聞き、該当座席を予約する。
　④-2 システムは予約座席名を表示する。
⑤ 田中太郎は予約確定入力を行う。

業務プロセスとUI

　UIは機能を実現するために存在します。ユーザーとのやり取りを通じて機能を実現するのです。その機能の主な役目は、繰り返しになりますが「データ操作」です。業務プロセスの5W2Hから、関わる可能性のあるデータ操作を想定し、それを実現するためのUIを想定し、プロトタイプを作成します。但し、これは開発者の論理です。所謂「作り手」と「使い手」(ユーザー)では求めるものが違います。

【分類】	【目的】	【効果】
作り手	データ操作	定量効果
使い手	心地よさ・使い勝手	感動、使いやすさ、安心

　ここではまず、作り手の論理を優先して、上の表の2行目の【分類】作り手の各項を重点的に検討し、UIを作り上げていきます。最初に叩き台となるペーパープロトタイプを作成し、開発者とユーザーが一緒に、ユーザー

Column

得意技を磨け!

　本来は、何でもこなせるゼネラリストが理想です。でも世の中には、そんな器用な人ばかりいる訳ではありません。少々不器用な人はどうすればよいでしょうか。とりあえず一つでも「得意技」を磨いて自分なりの方法を見つけ出す方が、何でもかんでも習得しようとするよりも近道です。

　本書のテーマである要件定義も同様です。きちんと完遂するために必要と思われる、自分なりの得意技を磨いて臨む方が、広く浅くいろいろなものに手を出すより有効です。

　データモデル作成、業務フロー作成、UIプロトタイプ作成、どれでも構いません。自分の得意技の領域を習得にしてから、できることを拡げていきましょう! 必ずうまくいきます。全てにおいて優秀なゼネラリストでなくても要件定義は可能です。

ビリティを含む機能要件および非機能要件を踏まえたUIを検討していきます。

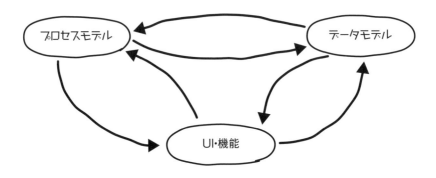

そしてプロセスモデル、データモデル、UI・機能 (プロトタイプ) の作成を繰り返すことで、各モデル、プロトタイプの精度を高めていきます。

プロトタイプの提示タイミング

プロセスモデルの作成時でも、ラフなプロトタイプの作成を推奨しました。プロトタイプの提示タイミングには注意点があります。「早すぎるプロトタイプ提示は仕様の肥大化を招く」この一点です。プロトタイプ提示は、あくまで業務フローによる業務の流れ、各業務プロセスの5W2Hの定義がある程度明確化してからにすべきです。さらに可能であれば、ユーザーシナリオの抽出とともに行うべきです。

開発者とユーザーが業務プロセスの5W2Hを共有した上で、プロトタイプを基にUIの議論を行うのです。いきなり早期にプロトタイプを提示することにより、機能が肥大化し、業務プロセスの5W2Hの定義自体が揺らいでしまうことがあります。そして肥大化した機能は、リリース後、確実といってよいほど使いものにならなくなります。

あくまで業務フローの世界に惹き込んだ上でプロトタイプの出番です。

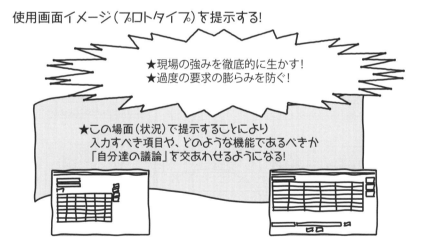

エンタープライズ系システムならば、この「業務の流れ」「業務プロセスの定義」が明確化した状態で開発者がプロトタイプを提示することにより、

ユーザーは入力すべき項目や、どのような機能が必要か、主体的に議論を交わすことができます。

　コンシューマー向けシステムにおいても、お客様の操作の流れを捕獲した上でプロトタイプを提示することにより、「ペルソナ」がより効率的にデータ操作を行えるUI・機能の議論が可能になります。

UIと項目

　プロトタイプを検討し作成する際には当然、項目について議論することになります。「この項目は必須」「数字で入力」等の画面仕様も明確になってきます。

　この時点では、「明確になったものは管理しておく」という姿勢で臨むことが大切です。全てを完璧に終わらせようとして、闇雲に時間をかけるのは得策ではありません。UIを形作る上で必要な項目の洗い出しに務めます。

　そして洗い出された項目は、「データ要件の明確化」の工程で作成するデータモデルの属性として、適切に登録しておきます。

UIで洗い出された項目をデータモデルへ

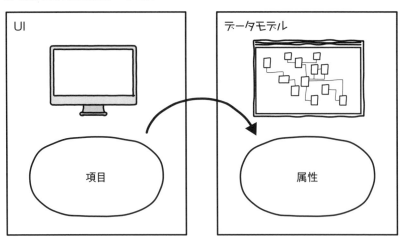

ペーパープロトタイピング

「ペーパープロトタイピング」とは、その名のとおり、紙で作った画面のプロトタイプを使って試行錯誤するやり方です。プロトタイプは手書きで作成します。これはユーザーシナリオを基に、UI・画面遷移の検討、及び非機能要件として耐えられるかを判断するために作成します。そしてその結果は、UIとともに非機能要件としてもまとめていきます。単なる紙芝居のようなものでも構いません。例えば、画面上に置くボタンの位置や、そのボタンを押すと次に遷移する画面がわかればよいのです。これは文字どおり紙を使って試行錯誤するやり方で、どういう機能がいいかを考えたり、画面や操作性を確認するのに役に立ちます。

また、目的を絞って、あくまでプロセスの定義、必要項目の洗い出し、機能概要の洗い出しのために使用することもできます。本項では主にこの目的のために作成することとします。

プロトタイプをこの時点で作成する場合、機能・非機能を問わず「要件」を固めることが目的であることを忘れてはいけません。概要でよいのです。但し、この時点で作成した成果物を設計工程で流用できると、手間を省けるので、なおよいことは確かです。

Step 「UI・機能の明確化」の手順

「UI・機能の明確化」の手順

「UI・機能の明確化」の具体的な手順は以下のとおりです。

Step 1　ユーザーシナリオの抽出

各業務プロセスの5W2Hの定義を基に、ユーザーシナリオを抽出します。厳密なユースケースでなくても、業務プロセスに基づいたユーザーの行動や振る舞いが明確になれば、どのような記述法でも構いません。ペルソナの行動を手順化した文章でも構いませんし、現時点で想定可能なレベルでのユースケース記述を用いてもよいでしょう。

Step 2　ペーパープロトタイプの作成

ユーザーシナリオを基に、必要と思われるUI・機能を想定して、エンタープライズ系システム、コンシューマー向けシステムに応じて作成した画面標準を参照にして、ペーパープロトタイプを作成します。データ操作の観点から必要と思われるUIをデザインしてみます。最低限必要と思われる操作と項目が表現されていればよいでしょう。

紙に手書きで項目、ボタンがわかりやすいように大きく書きましょう。ハサミで切り貼りしても構いません。大きく書くことにより赤入れした際に修正しやすいというメリットもあります。

Step 3　画面遷移の明確化

UI同様、エンタープライズ系システム、コンシューマー向けシステムに応じて作成した画面遷移標準を参照して、画面遷移を検討し、上記ペーパープロトタイプを並び替えて、画面遷移を明確化していきます。

Step 4　プロトタイプの確認

開発者はユーザーに、作成したプロトタイプを実際に操作する気持ちになってもらい、UIの観点から確認を行います。

開発者は次ページに遷移するタイミングで次の画面に差し替え、紙の上とはいえ、ユーザーが操作をシミュレーションできる環境を構築します。ユーザーが紙のボタンを押したら、開発者は次画面のプロトタイプに差し替えるのです。

ユーザーからの指摘事項をまとめ、プロトタイプと画面遷移に反映させていきます。反映の際には、UIの存在目的である業務プロセスの5W2Hとブレていないかを常時確認しつつ行います。

Step 5　機能の洗い出し

業務プロセスの5W2Hの定義を満たすUIを確定し、必要な機能を洗い出し定義していきます。併行して、必要項目も可能な限り洗い出します。

Step 6　プロトタイプ、画面遷移に関する要件の確定

現時点でのプロトタイプ、画面遷移を確定します。

4.6 データ要件の明確化

Theory of Requirement Definition

データ要件の重要性

　要件定義に限らずシステム開発プロジェクトでは、プロセスや機能の話が比較的中心になりがちです。しかし実のところ、特に業務システムにおいては、ユーザーの操作対象であるUIの目的は「適切なデータの出し入れ」にあります。そしてシステムの価値は、極めて多くの場合、データが左右します。これは紛れもない事実です。

　要件定義において、早期にデータ要件を可能な限り固めておけば、開発対象のシステムは、ライフサイクル全般にわたり高い品質を安定して保てるようになります。逆に、要件定義段階でデータ要件が曖昧だと、システムは一定以上の品質を担保するのが極めて困難になります。データ要件の大枠が固まらないということは、開発対象のシステムの方向性が定まっていないことを意味します。これはとても危険なことです。

　このことは、ウォーターフォール型やアジャイル型といった開発手法によらず、普遍の原理です。「枠組み」と「方向性」と「範囲」だけは要件定義の段階で明確にしておかないと、システム開発プロジェクトそのものが破綻しかねません。

データ要件の明確化の手順

　データ要件を明確化するにあたり、プロセスモデルと同様、ToBeデータモデルとしての概念データモデルが存在する（作成済）か否かで、手順は異なります。

　業務分析工程でToBeデータモデルが作成済なら、後述するトップダウンモデリング同様の手順で、ほとんどの場合、マスターとなりうる「リソース系」エンティティの位置づけは明確になっているでしょう。その場合、ビジネス要件、業務要件、システム要件を基に、トップダウンモデリングを行います。そこからToBeデータモデルの追加・修正を行い、さらに業務要件とシステム要件を基にしたボトムアップモデリングの結果を追加します。そうして概念データモデルを修正することにより新ToBeデータモデルとして作成し、次に主要属性を定義した論理データモデルを作成します。

　要求段階の概念データモデルが未作成の場合、各要件を基にトップダウンモデリングとボトムアップモデリングを行い、ToBeデータモデルとしての概念データモデル及び論理データモデルを作成します。

　ここで用語を整理しておきます。

- 「概念データモデル」は、エンティティ（業務上で管理すべき対象物）とその意味、およびエンティティ同士の関係を表します。
- 「論理データモデル」は、業務要件上必要なデータ（項目）とビジネスルールを表現します。

　概念データモデル、論理データモデルともに、あらゆる技術や特定の実装から独立しています。

　本書の要件定義で作成する論理データモデルは、データマネジメント体系であるDMBOKの表現を借りれば、「エンタープライズ論理データモデル」に相当します。属性付与は主要なもののみとし、部分的にとどめてい

ます。後工程にて、全属性を付与した「ソリューション論理データモデル」を作成します。後述する正規化・抽象化は限定して行うものとします。

なお、マスター系の位置づけが変更になると、後工程への影響がとても大きいので要注意です。

ToBeデータモデルの位置づけ

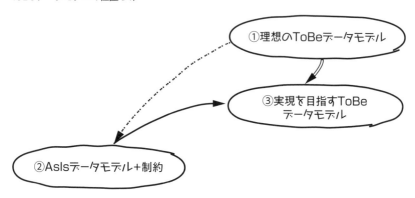

AsIsデータモデル

AsIsデータモデルの有無にかかわらず、③を作成するためには、AsIsデータモデルの内容と制約を考慮する必要があります。ここではAsIsデータモデルのリソース系（マスター）エンティティに注目します。

元々からビジネス変化に対応可能なマスターであればよいのですが、そうでない場合、決断する必要があります。つまり、問題があろうとも流用するか、マスター変更まで行って③を作成するかです。これは新規開発よりも修正の際に多くに見られる現象です。

前者の場合、開発工数は少なくて済みますが、現行システムの課題を引きずることになります。後者の場合、課題は解決しますが、工数の増大を覚悟しなくてはなりません。

なぜ、データ要件を明確化するか？

　データ要件が不明確だと、後工程において一番の手戻り原因となります。さらに、その手戻りは修復不可能な場合が多いのが現実です。これが要件定義段階でデータ要件を明確化する理由です。

　データ要件が曖昧なまま設計工程に入るということは、データ要件を基に設計と実装を行う際に、基盤が崩れる可能性があることを意味します。後工程でデータモデルの変更、用語の意味不明（間違い）、コード設計の不備といった事態がおきたらどうなるでしょうか。

　データモデルの不備を原因とするデータモデルの変更は、すなわちデータベースの基盤が崩れることです。特に、マスター系の変更は致命的です。当然、変更前のデータベース構造を基盤として開発されたアプリケーションは作り直しになります。

　用語の意味の曖昧さ、間違い、コード設計の不備も同様です。そしてこれらの問題は「受け入れテスト」等、リリース直前に大問題として噴出します。当然、使い物にならず、無用の長物と化すか、多大なコストをかけて作り直しになります。

　システム開発の方向性にあった形でデータ要件を明確にしないと、後々大きな問題になることを胆に銘じておきましょう。逆に考えれば、データ要件を早期にきちんと明確にすれば、素晴らしいシステムを効率よく開発できる可能性が飛躍的に大きくなるのです。

システム開発におけるデータモデルの位置づけ

　要件定義という工程の作業と成果物（モデル）については、様々な考え方があります。本書では、要求分析工程で「概念データモデル」を作成し、要件定義工程では、主要属性を定義した「論理データモデル」を作成します。

　データモデルを作成する目的は、「静的なビジネスの全体像を把握する

こと」です。さらに、システム開発を目的とする以上、システム要件を満たすことが絶対条件です。

DMBOKで定義されている「概念データモデル」は、通常、ER図とデータディクショナリの形に整理されます。ER図は、エンティティとリレーションシップを明確にして、ビジネスの概要把握を可能とします。ディクショナリとは、その時点で明確になっている用語の定義集を指します。

「要求」を基に作成した元のToBeデータモデルは、この「概念データモデル」で整理します。要件定義におけるデータモデルの定義内容は、プロジェクトごとに差異があります。主な差異は以下の3種類でしょうか。

① エンティティとリレーションシップの関係のみを把握可能としたデータモデル──DMBOKの概念データモデルをそのまま踏襲するかたちです。
② エンティティ属性を一部登録し、①よりもUI、機能想定を可能としたデータモデル──DMBOKの「エンタープライズ論理データモデル」を踏襲するかたちです。
③ エンティティの全属性を登録したデータモデル──DMBOKの「ソリューション論理データモデル」を踏襲するかたちです。

データモデルで使用する用語も、ここで整理しておきます。

- ER図とは、エンティティとリレーションシップによりデータ構造を表す図のことです。
- エンティティとは、データ構造の中で実体として認識可能なものを指します。ビジネス活動を行う上で把握しておくべき対象です。「参照や関連付けを受けるデータのまとまり」と表現する人もいます。例えば、モノを売るビジネスならば「売るモノ」、「買ってくれる相手」、「売った記録」などは把握しておくべき対象ですから、エンティティになります。例としては「顧客」「商品」「受注」等が一般的なエンティティです。

- リレーションシップとは、エンティティ同士の関連、結びつきを表すものです。例としては「顧客」と「受注」の関係等が一般的なリレーションシップです。

モデルの様式としては、実体を表す「エンティティ」という箱を、箱同士の関係を表す「リレーションシップ」という線でつなぎ、図式化していきます。この図式をER(エンティティとリレーションシップの略です)図と呼びます。ER図ではデータを、実体(エンティティ)、関連(リレーションシップ)、属性(アトリビュート)という3つの要素で表します。属性とは実体(エンティティ)内で管理されるべき「項目」のことです。

簡単なER図

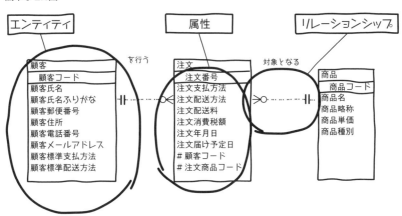

なお本書では、データモデルをIE記法で表記しています。

記法に関しても慣れを含め、わかりやすい表現であればどのような記法であっても問題ありません。

本書では②の考えを基本としつつ、③までを可能とした形のデータモデルについて説明します。これを本書では「論理データモデル」と総称します。理由は、これも前述したとおり、要件定義において必要とされる見積り

4.6 データ要件の明確化

を可能にするレベルと、開発プロジェクトの時間的制約を考慮すると、「それが適当」と考えるからです。許されるのであれば、①までで要件定義を終えても、もちろん問題ありません。この点に関しては開発プロジェクトの考え方次第です。

要件定義における論理データモデル

　論理データモデルを作成する目的は、先ほど述べたとおり、「静的なビジネスの全体像を把握すること」に尽きます。今回対象となるシステム開発プロジェクトの範囲と制約が明確になっていることを前提として、論理データモデルを作成します。ToBeデータモデルが存在する場合、AsIsデータモデルと制約を踏まえ、「要件」を基にToBeデータモデルである概念データモデルの追加・修正を行い、新ToBeデータモデルとしての「概念データモデル」の精度を上げていきます。そして、概念データモデルを基に属性付与を行い、論理データモデルを作成します。存在しない場合は、要件を基に一から作成します。

　ToBeモデルでは本来、リソース（マスター）の追加・変更を要する場合には、AsIsモデルとの検証段階で、本当にそこまで行うのか、その必要があるのかについて、ビジネス方針や開発プロジェクトの制約（予算・時間）を含めて検討し、決定する必要があります。場合によっては、マスターはそのまま既存のものを流用、もしくは新規に重複承知で作成し、MDM（マスタデータ管理）等で対応するという選択もあります。また、データ構造は、AsIsモデルとToBeモデルがあまり変わらない場合もあります。

　修正変更については、マスター変更は比較的少なく、トランザクション変更・追加の方が多く発生します。新規開発でマスターがきちんと設計され、データマネジメントが機能していることにより、レコードを一意に特定できるのなら何の問題もありません。しかし、そうなっていない場合は、変更時に熟考する必要があります。

概念データモデルから論理データモデルへ

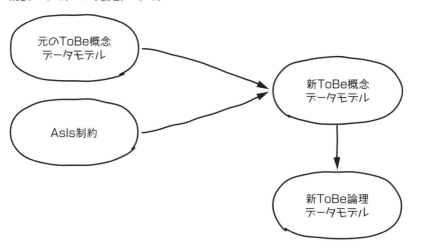

　概念／論理データモデルを作成する意味付けとしては、「ビジネスの静的側面を支えるビジネスルールを明確にする」という側面もあります。これはビジネス要件、業務要件、システム要件を満たすビジネスルールになります。例えば、お客様からは同じように見えても、開発対象のシステムにおける組織の捉え方（例えば、店舗、支社の位置付けが組織内で異なる場合等）が異なることを、業務ルールとして整理すること等が該当します。ほかにも法人顧客や季節限定値引率の設定等は、データモデルから抽出されるビジネスルールです。

論理データモデルとは？

　論理データモデルは、概念データモデルを参考にして、箱（エンティティ）と箱同士の関連を表す線（リレーションシップ）を組み合わせ、箱の中に属性をはめ込んでいくことにより作成します。この箱の意味、線の方向、意味等が全てビジネスルールを内包しており、要件定義段階で明確にすべきデータ要件でもあります。

概念データモデルと論理データモデル

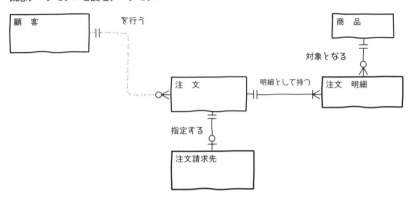

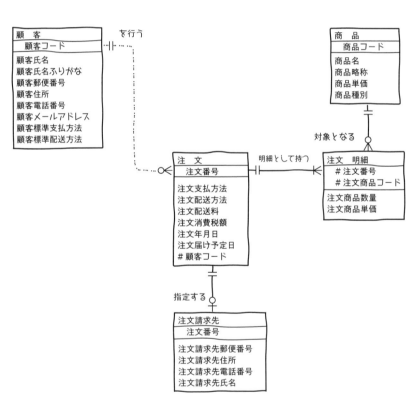

トップダウンとボトムアップモデリング

データモデリングとは、データをわかりやすく人間の目に見えるような形に描く作業です。本書ではプロセスと同様にデータに関しても、トップダウンとボトムアップの両面から、正しく、美しいデータモデルを作り上げていく方法を説明します。

トップダウンモデリング

トップダウンモデリングとは、ビジネス要件→業務要件→システム要件とブレイクダウンしてきた要件を基に、「本来あるべきデータモデル」を作成する手法です。要件、ビジネスルール（システム以外の規定等を含む）を基に、主にリソース系エンティティの抽出と定義を行っていきます。

「リソース（資源）系エンティティ」とは、データベースにおいて「マスター」となりうるエンティティを指します。これはビジネス活動を実施していくにあたり必要不可欠なリソースです。例えば「取引先」「顧客」「商品」などです。業務（ビジネス）ルール、業務規定、要件定義書、新システム全体図等から、開発対象システムの「マスター」となりうる用語を抽出します。

このトップダウンモデリングは、要求段階と業務分析工程で実施済であることが本来の姿です。繰り返しになりますが、マスターとなりうるエンティティの定義がブレると、システム全体の整合性を保つのが難しくなるので要注意です。

トップダウンモデリング

| 顧客 | 商品 |

「顧客」とは？「商品」とは？ 所謂マスター系の定義は、企業組織にとっ

て生命線となりうるものです。新規開発案件の場合、経営方針から逸れることなく、企業組織内で合意し決定していかねばなりません。修正案件の場合は現行マスターの流用がほとんどですが、本来あるべき姿から乖離していたら、何らかの修正により調整可能か検討します。

ボトムアップモデリング

　ボトムアップモデリングとはToBe業務フローにより捕獲した発生データを基に、主にイベント系エンティティの抽出と定義を行い、また、UIプロトタイプから項目の洗い出しと定義を行いつつ、正規化を実施して、「現実に即したデータモデル」を作成する手法です。

　イベント系エンティティとは、データベースにおいて「トランザクション」となりうるエンティティを指します。今後ビジネスを進めるために必要な、記録すべきビジネス活動です。例えば「取引」「受注」「発注」などです。トランザクション（トランザクションデータ）は、日々の業務など、企業組織の活動によって発生する出来事を表します。

正規化とは？

　正規化とは、データの重複をなくして、データの整合性を保つようにすることを指します。

　概念データモデルから論理データモデルを作成する際に、UIから抽出した項目を属性として各エンティティに振り分けた後、正規化を実施します。

　正規化は、データモデルを基に設計されたデータベースが、データを登録・更新・削除する際に、不整合や喪失を防ぎます。その結果、保守性が高まり、システムライフサイクルの向上に貢献します。そのため、データモデル作成時から正規化を意識する必要があるのです。

　データモデルの正規化には、第一正規化から第三正規化までがありま

す。厳密には第六正規形まであるのですが、第三正規形を満たせば、ほぼ第五正規形を満たせるので、まずは第三正規化までを意識しましょう。

ただ一つ重要なことは、原則を守ることです。それは「One Fact In One Place」(ひとつの場所にひとつの事実を)です。この原則を念頭に置いてデータモデルの属性を整理すれば、自然と正規化状態をつくり上げることができます。つまり正規化とは、用語(属性)の意味においても、リレーションシップの意味においても、「一意である」ということです。ここでは現在、登録済の属性について一意であることを意識する、というレベルで構いません。正規化というのは正規形という状態を作ることであって、第一から実施する手順のことではありません。

ビジネスルールから抽出したリソース系エンティティ、業務フローから抽出したイベント系エンティティに、UIで洗い出された項目を整理し、属性として登録した後、正規化を実施することにより、データモデルとしての形を整えていきます。

ボトムアップモデリング

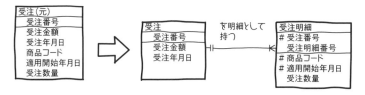

こうしてトップダウンモデリングとボトムアップモデリングを繰り返すことで、論理データモデルが完成していきます。

トップダウンモデリングとボトムアップモデリング

データモデル→ リソースモデル（マスター系）はビジネスルールにより、イベントモデル（トランザクション系）は業務の流れとUIプロトタイプから抽出！

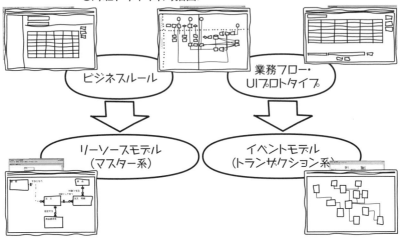

この時点で結果が物足りなくても、嘆く必要はありません。インプットがそれしかないのなら、それなりのものしかできないのは当たり前です。できるところまで作成できればOKです。とにかく繰り返し行うことにより、自然と完成度が高まってきます。

修正の場合の注意点として、開発者が当初は全体最適を指向していたにもかかわらず、現場の意見として個々の業務を最適化するための修正依頼があり、そのまま実装した結果、データ設計も部分最適になってしまうケースを見受けます。充分に検討しないと、似たようなエンティティやデータ項目が作成され、実装されてしまいます。必然的に、機能を支援するアプリケーションも、重複したデータを操作することになります。これはいわゆる「スパゲッティ化」の始まりです。

データモデリングを実施する際には、常に全体最適を意識しなければなりません。ビジネスの静的側面全体を鳥瞰して、個別最適に陥らないよう気つけることがセオリーです。

データモデルの作図

まず、エンティティの抽出を行います。
エンティティとは、実体を表す以下の「5W1Hを表す名詞」です。

- 誰が（who）：　　　組織、取引先、顧客など
- 何を（what）：　　　製品、商品、原材料、サービスなど
- いつ（when）：　　　年月（日）、催事、会計年度など
- どこで（where）：　　国・地区、住所、店舗など
- なぜ（why）：　　　業務ルール、法律、慣行、問い合わせ、クレームなど
- どのように（how）：指示方法、請求、受注など

そして、その実体同士の関係を、リレーションシップという線で結ぶことにより、データモデルとして表していくのです。

簡単なエンティティとリレーションシップの図

作図の際には、エンティティの名称、概要、リレーションシップの定義を行う必要があります。概要にはエンティティの意味の定義と、それに加えてビジネス視点でのライフサイクル（発生～消滅）を記述します。単に箱（四角）を書いて線を結ぶだけではモデルになりません。モデルを作るということは、作図とともに、作成したモデルの定義を行うことを意味します。定義が不明確であるということは、すなわち、基本的なビジネスルールが曖昧であることを意味します。必然的に、そのまま後工程にすすめば、仕様の確定がままならないまま、地獄が待っている可能性が大きいといってよいでしょう。
　このエンティティ、リレーションシップの定義は、静的な、そして厳格な

ビジネスルールになります。要件定義にてきちんと大枠を押さえましょう。

用語の管理

　エンティティの名称、リレーションの定義に使用する用語、属性となりうる項目は、この時点で整理しておきます。整理のやり方としては、一般的に使用する用語を「用語集」に登録し、データ項目をデータ項目辞書（データディクショナリ）に登録していきます。用語集には「顧客」「受注」といった用語、データ項目辞書には「顧客名称」「顧客コード」等エンティティの属性項目を中心に登録します。「データモデル」は、このER図と用語集、データ項目辞書をセットにして管理していきます。どれが欠けてもデータモデルと呼びません。この時点でわかっている情報はモデルに取り込んでおきます。例えば「顧客」エンティティの属性とは、顧客名称等であり、エンティティ抽出時に自然に想定される属性を指します。用語集では、可能なら「禁止語」も管理しましょう。禁止語とは、現行システムで使っているものの、新システムでは使用不可の用語です。企業合併で吸収された側の社内用語が、新規開発案件で禁止語となったりします。

　明らかになった用語の整理作業は、設計工程まで待つことなく、要件定義の段階から始めましょう。用語集、データ項目辞書は論理データモデルの一環として、また、要件定義の成果物（要件定義段階で把握可能な成果物）として加えます。気づいたことはその時点で登録しておかないと、後々の設計段階で気づいた時には、抜けが生じて間に合わない事態に陥ることがあります。データモデルの大幅な変更により、手戻りが生じ、結果的に開発プロジェクトが破綻することもあります。用語の整理は、ユーザーがデータモデルを理解する際の手助けになります。これはシステム開発の全工程においてとても重要です。

　UI・機能要件の明確化で作成したプロトタイプにより、UI・機能が行うデータ操作の対象エンティティと、UIに現れる属性が明確になります。

現れた項目は該当エンティティに振り分けて、属性として登録しておきます。

適度の抽象化

　論理データモデル作成時に、正規化とともに抽象化を検討し実施します。その際には、「パターン」の活用が鍵になることがあります。

　データモデル作成時に参照すべき「データモデルパターン」というものがあります。データモデルパターンは、業種や業務の違いに左右されない汎用のデータモデルです。代表的なデータモデルパターンとして、人や組織（取引先等の外部組織も含む）を表す「パーティパターン」、受注／発注を表す「取引パターン」等があります。そしてパターンを適用することは、業務を抽象化して表現することを意味します。

　その際、注意することがあります。パターンを多用するあまり、「過度の抽象化」を行うと、個々の企業組織のビジネスが見えにくくなる恐れがあるのです。「やりすぎ」により、抽象化しすぎて、ビジネスの静的側面がわかりにくくなるのでは本末転倒です。論理データモデルを作成する本来の意味が失われてしまいます。

　データモデルパターンは、あくまで参照モデルとして活用するのが正しいやり方です。実際には、パーティ（取引先・組織等）、商品等の整理は、パターンを参照しつつ、企業組織の文化を踏まえて整理していきます。

パーティパターンを使用した取引先管理

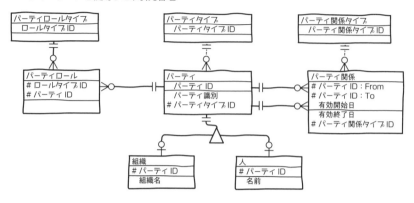

　必要なものは、ユーザーとの確認が可能なレベルのデータモデルです。データモデルを見れば、今回のシステム開発範囲における該当企業組織のビジネスの静的側面が把握可能でなければなりません。もし、抽象化をもう一歩進める場合は、データサンプルの提示をするなりして、ユーザーが確認しやすいように工夫する必要があります。いずれにしても、図解した補助資料かサンプルが必要になるでしょう。

美しいデータモデル

　「わかりやすい」データモデルを作成するには、「美しさ」を意識する必要があります。シンプルであり、かつ、目的をきちんと叶えることにより、美しいモデルとなります。そのために以下の2点に留意しましょう。

① 　サブジェクトエリアの適切な切り分け（分類）
② 　エンティティの配置ルール

　サブジェクトエリアとは、データモデル全体をいくつかに区切った場合の、個々の領域（範囲）のことです。あくまでビジネス上の観点から、区別した方がよい単位に分割します。ビジネス上の括りが基本なので、ビジネス、事業、業務単位に分割するのが一般的です。サブジェクトエリアで分割す

る目的は、あくまで「データモデルを見やすくすること」ですので、分割しなくても見やすければ分割する必要はありません。例えば、コンシューマー向けシステムにおいてECサイトを構築する際には、分割しなくてもデータモデルが見やすい状態に収まっていることがよくあります。

②の一定の配置ルールに基づいてER図内のエンティティを配置すると、データモデルが「美しく」見えます。これはシンプルに、ある固まり（例えばリソース（マスター）系エンティティは上部に配置）がきちんと整理されている状態ですので、当然、見やすいものになります。

配置ルールの例

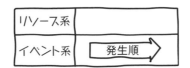

例えばエンティティをタイプ（リソース系、イベント系）に色分けし、イベント系は発生順に左から右へ並べます。リソース系は上、イベント系は下、左右は発生順、またはリソースの種類毎にグループ化して配置していきます。リレーションシップの線の交差をいかに少なくするかが見やすさのポイントになります。

ユーザーにデータモデルを理解してもらうには…

2つのエンティティと関連を示すリレーションシップを抜き出し、エンティティの箱、リレーションシップの線を赤ペンでなぞりながら、ビジネスルールを確認してみましょう。

（例）「顧客」エンティティと「受注」エンティティ。リレーション「を行う」

- 「顧客」は「受注」なしでも存在する。
- 「受注」は「顧客」なしでは成立しない。→「受注」前に「顧客」登録が必要。その場合、「一見さん」の取り扱いはどうするか？
- 「顧客」登録の際には「顧客名」「顧客住所」「顧客emailアドレス」は必須

データモデルを固めるためのプロトタイプ

イメージが湧かない場合、プロトタイプを提示し、データモデルに内在するビジネスルールを固めておくのも一つの方法です。プロセス要件の明確化、UI・機能要件の明確化で作成したプロトタイプを基に、必要な部分を抜き出してユーザーに提示してみましょう。

データモデルを固めるためのプロトタイプ（「受注」と「受注明細」）

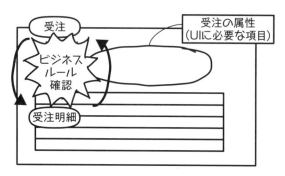

後述するビジネスルールと用語集、データ項目辞書を現時点で整理するのは、論理データモデルを固めるためです。逆に概念／論理データモデルに表されているルールと用語が整理されていなければ、モデルとして成立

していることにはなりません。

　データモデルを確認してもらう際の留意点としては、業務部門に見せても簡単には理解してもらえないことを踏まえ、画面イメージとエンティティを切り出して提示するといった見せ方の工夫が必要な場合もあります。

例外ルールの洗い出し

　現行システムに内在している例外ルールが、AsIsデータモデルが存在する場合においても抜けている場合があります。これは本来データモデルで整理すべきビジネスルールを、アプリケーションのロジックで実装している場合が殆どです。

　業務プロセス要件の明確化において、プロセスモデルの観点から例外パターンの絞り込みを行いますが、併行して、データモデルにおいても例外ルールを絞り込む必要があります。

エンティティからの例外ルール抽出

　先ほど、「エンティティは5W1Hを表す名詞である」と説明しました。5W1Hを表す名刺には、開発対象のシステムにより、エンティティとして管理されるべきものと、属性として管理されるべきものが混在しています。エンティティ同士、各エンティティの属性同士の間に、リレーションシップとして現れていない関係がないかに着目します。

　例えば…
- 「取引先」と「製品」：「製品」の「製品ジャンル」と「取引先」により特別値引きルールがある。
- 「顧客」と「受注」：「顧客」の「顧客ランク」と「受注」の「受注日」によりキャンペーン価格適用、特別ボーナス付与。クーポンを持った「顧客」の適用ルール等。

- 「地区」により「出荷」形態が異なる　…等です。

BABOKにおける概念クラス図

　BABOKでは、要件定義で「概念クラス図」を作成することを推奨しています。

　「概念クラス図の作成にあたっては、まず業務のプロセスの開始から終了までを要約するときに現れる名詞(モノ、コト)や名詞句、あるいは動詞を名詞化したキーワードを抽出します。情報システムを意識せずに、あくまで業務の視点から概念を抽出します。」これは概念データモデルでも同じです。

　「概念に付けた用語を文章にしてみると、実はまだ曖昧であることが判明したり、ときに新たな発見があったりします。また、用語集は、部署によって業務で使う用語が違っていたり、部署の歴史やしがらみによって用語統一が難しい場合があります。部署ごとに異なる言いまわしを「シノニム(異音同義語)」として記載する場合もあります。概念クラス図や用語集は、この段階ですべて完成させるわけではなく、この後の新業務フローや情報モデルを作成するなかでブラッシュアップしていきます。」

　筆者は、要件定義段階での概念クラス図の使用は、全てのシステムにおいて有効であるとは考えていません。本書では、クラス図よりもわかりやすい表現にこだわって説明していきます。要件定義を含む上流工程では、技術者ではなくユーザーが主役であり、彼らの理解を優先すべきという信念を持っているからです。

　さらに、要件定義を工程として区切った場合、以降の設計工程をどのような技術者が行うかわかりません。開発作業を行うエンジニアの技術水準もわかりません。日本では、下流(設計・実装)工程を担う技術者が、上流を担当する技術者よりも軽視される傾向があります。そのため「当たり外れ」があり、外れを引いてしまった場合を頭に入れておかねばなりません。運

悪く外れを引いても、プロジェクトを成功に導かなくてはなりません。

「データ」と「プロセス」は、ビジネスや業務の異なる側面です。上記の条件を満たすために、この2つの事象を、あくまで業務寄りに表現することを目指します。キーを含む属性を定義しないのならどちらでも構いませんが、今この時点で議論し決定したデータ要件が、設計を経て実装されることをイメージしやすくするために、データ要件を明確にする手段としては、クラス図よりもデータモデルの方が有効である、と筆者は考えています。

コード体系の精査

現行システムの「AsIsデータ分析」を行う際、一番に優先すべきなのが、現行コード体系の調査です。現行コード体系には、コードごとにロジックを伴ったビジネスルールが内在していることが多いものです。

要件定義段階では、全てのコード設計を終える必要はありませんが、現行システムの現状分析としてコード体系を把握し、場合によってはデータモデルへの反映、用語集への登録を行っておきます。

AsIsモデルについて

「データはプロセスに比べて安定している」といわれています。プロセスモデルとデータモデルの関係も同様です。そのため、AsIsモデルからToBeモデルを作成できてしまうこともあります。本来は、ToBeデータモデルを基に、AsIsデータモデルを参照しつつ見直し、修正を行う必要があります。

ただしこれは、AsIsがしっかりできている場合に限ります。きちんとしたAsIsがないときは、手間をかけてAsIsを作成する必要はありません。もし作成するとしても、概要を表したモデルで構いません。主要なエンティティとリレーションシップのみを洗い出し、「あくまで静的なビジネスルールの

確認用である」と割り切って作成することです。

　プロセスモデルと同様に、データモデルも、なければLIVEで作成してしまいましょう！　その際、最低限、リソース系＝マスターとなりうるものはきちんと押さえた上で、現行AsIsのUIのハードコピー等を収集して、作成に臨むことです。

外部インターフェースの明確化

　データ要件の明確化にあたり、新システム全体図、要件定義書、概念データモデル、ToBeプロセスモデルに基づいて、外部システムとのインターフェースに関する要件を明確にする必要があります。

　外部インターフェースとは、設計対象のシステムと、他の社内外のシステムとの「データの受け渡し」を指します。

　外部インターフェースを明確化するにあたっては、「どのデータを受け渡すか」だけでなく、「どのように受け渡すか」も考慮せねばなりません。厳密にはデータ要件だけではなく、機能にも影響を及ぼしますが、第一の目的は「データの受け渡し」をきちんと把握することです。どのような外部インターフェースがどのくらいの種類存在するのかをまず把握しましょう。

Step 「ToBeデータモデル」作成の手順

「ToBeデータモデル」作成の手順

以上を踏まえて、いよいよToBeデータモデルの作成に入っていきましょう。具体的な作成の手順は以下のとおりです。

Step 1　サブジェクトエリアに分割

ToBeデータモデルとしての概念データモデルが存在する場合、ER図を見やすくするために、必要に応じてサブジェクトエリアの分割を行います。

その際、エリアひとつひとつについて、サブジェクトエリアの一覧表と、各サブジェクトエリアに所属する現時点で把握可能なエンティティの一覧表を作成しておくとよいでしょう。

サブジェクトエリアは、「業務視点」で分割することを推奨します。データモデルは開発者とユーザーとのコミュニケーションツールの一つであることを忘れてはいけません。開発者だけでなく、ユーザーに理解しやすい表現を心がける必要があります。静的な表現であるデータモデルは、ユーザーが理解可能な単位にまとめていきます。

概念データモデルが存在しない場合は、ある程度概念データモデルが形をなしたところで、改めてサブジェクトエリアの切り分けを実施します。実際には、業務上の結びつきが強いと思われるエンティティ同士をグループ化し、まとめあげていくイメージです。

新規開発の場合には、このサブジェクトエリアの括りを意識して作成します。システムの規模により異なりますが、たいていは複数が管理対象になります。修正の場合には、サブジェクトエリアを追加すべきか、既存のサブジェクトエリアを修正すべきか熟考する必要があります。

サブジェクトエリアを明確にすることの重要度は、エンタープライズ系の方がコンシューマー向けよりも高いといえるでしょう。なお、エンタープライズ系、コンシューマー向けを問わず、開発対象範囲が明確な場合には、サブジェクトエリアを意識する必要はありません。

Step 「ToBeデータモデル」作成の手順

Step 2　リソース系エンティティの抽出と定義

　リソース系エンティティとは、一般的には、ヒト・モノ・金など企業組織の活動基盤を表すデータのことです。「台帳データ」とも称されます。

　まずトップダウンモデリングを行い、抽出していきます。要件定義書、ビジネスルール等を基に抽出します。リソース系エンティティの定義は「ビジネス要件」からブレイクダウンした「システム要件」を踏まえたものであるべきです。例えば「顧客」とは？「商品」とは？を明確にしていきます。

　概念データモデルが存在する場合は、AsIsと制約を踏まえて（要件を踏まえて）、元の概念データモデルに修正を加えます。存在しない場合は、要件を基に、一からリソース系エンティティを抽出します。

　次にそれらの概要を定義します。すべてのエンティティには、定義すべき存在意義があります。現時点でわかる範囲で構いませんので、説明・制約・ルール・範囲になりうるものは余さず洗い出しておきましょう。「顧客」と「商品」の関係、複数「商品」を「受注」の際に処理可能とする、といった当たり前のものから、「顧客」（グループ）ごとの個別契約の有無、商品の店舗別販売価格等を整理していきます。エンティティの概要定義は、データモデルを作成する際の「必須の作業」です。わかる範囲で定義しておきます。

　保守フェーズにおける修正の場合、仮にマスターの定義が以前から不明確であっても、それらのマスター（リソース）系エンティティは、もしプロジェクト方針としてマスターから作り直すのであれば別ですが、そのまま流用することを基本とします。今回の開発範囲外の議論はすべきではありません。新規開発の場合は、今後のマスター管理のあり方を考慮しながらモデルを作成します。これはエンタープライズ系システムでもコンシューマー向けシステムでも変わりません。

Step 3　各エンティティ間の関連を分析する

　リソース系エンティティ同士の関連を分析し、リレーションシップの登録と、静的なビジネスルールの洗い出しを行います。

Step 4　イベント系エンティティの抽出と定義

　リソース系エンティティと同様に、現時点で把握可能なイベント系エンティティを抽出します。業務フロー図を参照して、業務の流れからボトムアップモデリングで抽出します。また、リソース系エンティティと同様に、各エンティティの概要定義も同様に行います。

　イベント系エンティティを抽出する際、業務の流れからだけで抽出しようとすると、漏れが生じる場合があります。これは、データ活用の観点からの分析軸等が該当します。その場合は、改めてトップダウンで追加を検討していきます。イベント系エンティティは、「業務要件」からブレイクダウンした「システム要件」を満たす必要があります。

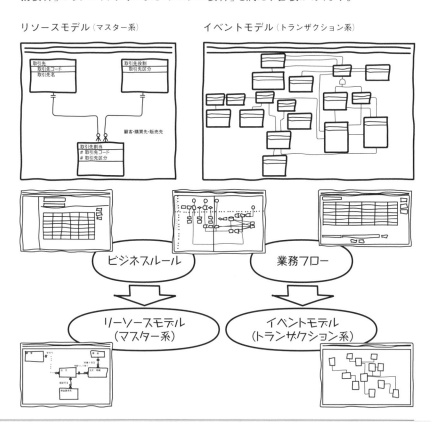

4.6　データ要件の明確化

Step 「ToBeデータモデル」作成の手順

Step 5　リレーションシップの線を引く

抽出したエンティティ同士の間にリレーションシップの線を引き、併せて定義を行います。

すべてのリレーションシップの線には、それが引かれた理由、引かれた方向、矢印の意味があります。それぞれを明確にして定義していきます。リレーションシップの意味の定義文は、「〜する」、「〜される」という動詞句で統一することを基本とします。矢印の方向に沿って「親（矢印の起点のエンティティ）は子（矢印の終点のエンティティ）を〜する」（行為）、もしくは、「〜になりうる」（存在）等、という書き方で統一すると解りやすくなります。親エンティティから子エンティティへ「（主語）＋（目的語）＋（述語）」の形で整理されていれば問題ありません。

エンティティを表す箱同士を線で結んで定義していくことにより、概念データモデルの大枠が固まっていきます。元になるToBeデータモデルとしての概念データモデルが存在していたか否かにかかわらず、この時点で、新ToBeモデルとしての概念データモデルを確定させます。

リレーションシップの矢印説明図

Step 6　属性の登録

完成した概念データモデルに修正を加えることにより、論理データモデルを作成します。UIプロトタイプから項目を洗い出し、抽出されたリソース系エンティティとイベント系エンティティに振り分けて、項目を属性として登録していきます。登録後は正規化を実施し、データモデルを「一意従属」の形に整えます。

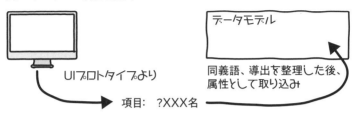

　属性を命名する際には、極力、用語集、データ項目辞書に整理されているビジネス用語を使いましょう。解りやすいモデルとするために、このことはとても重要です。用語集、データ項目辞書がまだできていない段階では、ビジネス用語を属性名称（またはその一部）として使用した上で、併行して用語集、データ項目辞書にも登録していきましょう。このとき、命名規則（ネーミングルール）に従うことは言うまでもありません。

> **Column**
>
> ## 属性名の命名規則（ネーミングルール）の標準化と明確化
>
> 　属性の命名体系は「修飾語」＋「主要語」＋「修飾語」＋「区分語」を前提とします。以下の例を参照してください。なお、修飾語は省略可能です。
>
> 　(例) 修飾語：月次　等
> 　　　主要語：売上、顧客、商品　等
> 　　　修飾語：合計、借方　等
>
> 　区分語：金額、氏名、住所、コード、区分　等
>
> 　上記の組み合わせにより命名：「月次／売上／合計／金額」
>
> 　命名規則に沿って、属性名の主要語、修飾語、区分語を統一し、標準化します。特に、異音同義語や同音異義語が発生しないよう注意しましょう。

4.6 データ要件の明確化　197

Step 「ToBeデータモデル」作成の手順

用語登録の際には、属性の意味をきちんと定義することが大切です。例えば「顧客名：管理対象となる顧客の名称」といった具合です。

まず、要件定義段階では、少なくともエンティティの名称となりうる用語と、UIで使用する項目を整理します。例えば「顧客名」「取引先名」「商品名」など、UIに現れる各項目までを把握しておけばよいでしょう。

定義に関しても明確にしていきます。例えば、「顧客」には見込み客を含むのか、等を明確にしていきます。エンティティの属性となりうる用語については、最大限かつ「できる範囲で」整理します。

Column

導出項目の整理

UIプロトタイプで洗い出された項目は、全てがそのままエンティティの属性になるわけではありません。例えば、画面上に「合計金額」という項目があるとします。この「合計金額」は【(売上)合計金額＝各行の単価×数量の合計値×税率】で算出されるとします。この場合、洗い出す項目は「合計金額」ではなく、「単価」「数量」「税率」です。

この例の「合計金額」のように、なんらかの計算によって算出される項目を「導出項目」と呼びます。導出項目を、そのままエンティティの属性としてはいけません。もし属性とする場合には、導出項目であることをきちんと把握し、定義しておかなくてはなりません。洗い出した「単価」「数量」「税率」は、命名規則に基づいて命名し、該当エンティティに振り分けて、属性として登録します。

Step 7　主キーの設定

　登録された属性から主キーを設定します。主キーは各エンティティに対して必須項目です。主キーは、エンティティを一意に識別する（つまり特定する）ために設定します。主キーによりエンティティが一意に認識されることになります。

Step 8　抽象化

　前述の「データモデルパターン」を使用した抽象化について検討し、必要な場合には実施します。どこまで抽象化を行うべきか、開発プロジェクトとして事前に決めておくことが望ましいでしょう。

Step 9　外部インターフェースの記載

　外部インターフェースが存在する場合、新システム全体図とToBe業務フロー図を基にして、外部インターフェースの対象ファイルをエンティティとしてモデル図に記述しておきます。正規化が崩れる等、少々泥臭い表現（エンティティ）になっても仕方ありません。存在するものはモデル上に表現しておきます。

　外部接続があり、データ連携が存在することを、要件定義段階で論理データモデル上にきちんと書き込んでおくことが大切です。そして、外部インターフェースから、受け渡しに必要な項目がわかるようであれば、可能な限りエンティティの属性として登録しておきましょう。

　また、インターフェースが存在する場合、相手側（外部）システムの項目名称・型・桁は、あくまで例外として、そのまま当該システムへの変換対象項目として整理します。つまり正式な用語ではなく、UIで使用する「ラベル」と同様に管理するのです。

Step 10　サブジェクトエリアの見直し

　論理データモデルのサブジェクトエリアを見直し、必要があれば修正します。

Step 「ToBeデータモデル」作成の手順

Step 11　用語集の整備

「用語集」と「データ項目辞書（データディクショナリ）」を整備します。登録すべきは、ビジネス用語、同義語（あれば）、エンティティの属性名称等です。属性に関しては、前記の命名規則（ネーミングルール）に準じる形で登録していきます。

　この時点で把握できた用語のみで充分です。そしてこの用語集およびデータ項目辞書（データディクショナリ）が設計・実装といった後工程で使用可能であれば、システム開発プロジェクト全体の効率は格段に高まります。「要件定義段階での用語集、データ項目辞書」は、忘れずに成果物にしておくべきです。また用語集、データ項目辞書は、ER図と対をなすものです。現時点での詳細度で構いません。両輪をきちんと抑えてはじめてデータモデルと呼べるものが出来上がります。データモデルの理解度も格段に高まります。

Step 12　別名・異音同義語・同音異義語の整理

　登録された属性の用語を整理します。用語を整理するときは、次の3つを常に念頭に置いておきましょう。

- エイリアス（別名）：そもそも実体と呼び名がくい違っている。
- シノニム（異音同義語）：実体は同じなのに、見方によって呼び名が違う。
- ホモニム（同音異義語）：実体は異なるのに、同じ名前で呼ばれている。

　特に、登録する用語にシノニムがないかを、早い段階で意識しましょう。

　論理データモデルは、設計工程を経てデータベースとして実装する際の基盤になります。用語の意味不明や勘違い、曖昧な箇所を放置しておくと、後々の実装工程で重大事になりかねません。勘違いを元にして大きな手戻りが生じ、場合によってはプロジェクトの致命傷となります。本書の「まえがき」で述べた「騙し絵」になってしまう恐れがあるのです。意味の混同やくい違いは水面下で起こり、なかなか表面に現れません。騙し絵のように騙す側は騙すつもりはなく、騙される側も騙されたことに気づかないまま、システム開発プロジェクトの終盤を迎えます。

　不備が発覚するのは、テスト工程である場合がほとんどです。重大な欠陥が最後の

最後になって発生する危険性が高いのです。そしてユーザーからは、「こんなものは使えない」という言葉とともに突き返されてしまうのです。アジャイル型開発の場合、ウォーターフォール型開発よりは騙し絵に気づくのが早いかもしれませんが、手戻りは同様に生じ、大枠の変更に迫られます。

そんなことにならないよう、早いうちから用語の意味をきちんと定義し、用語集、データ項目辞書に登録しておきましょう。

Column

ビジネスルールの整備を開始しよう!

概念／論理データモデルを作成する過程において、様々なビジネスルールが明らかになってきます。作成段階で明らかになった事項を集め、文書化しておきましょう。

例えば「顧客」と「時期」「数量」によりサービス内容が変更になるとか、変更内容は単なる「値引き」か、配送コストを持つのか等です。全てのビジネスルールがデータモデルから抽出できるとは限りませんが、想定しうるものは書き出しておき、プロセス定義および機能定義の際に追加して、完成に近づければよいでしょう。

この時点で判明したビジネスルールを「ビジネスルール集」としてまとめ、要件定義の成果物としておきます。このビジネスルール集が、後々データベース定義や機能ロジックの定義になります。用語集、データ項目辞書同様、設計工程にて流用を可能とすることにより、システム開発プロジェクト全体の効率や生産性が格段に向上します。

見出しとメモ程度でも構いません。エンティティとリレーションシップの定義以外で明らかになったビジネスルールを書き出していきます。文書化されることが大事なのです。この文書化の蓄積は、設計のみならずシステムライフサイクル全般にわたって価値を持ちます。

Step 「ToBeデータモデル」作成の手順

Step 13　データモデルの確認
　2つのエンティティと結びついているリレーションシップの線を切り出して、ビジネスルールおよび、必要とされる属性を確認します。場合によってはUIの確認に使用したプロトタイプの当該箇所を切り出して、確認用に使用します。
　特に留意すべきは、何度も繰り返しますが「リソース系エンティティ」です。リソース系エンティティの意味合いや定義が後工程で覆ることは、ビジネス領域における、例えば「顧客」や「商品」の扱いが変わることを意味します。開発プロジェクトとして取り返しのつかない大惨事になりかねません。

Step 14　さらなるデータモデルの磨き上げ
　現時点でできあがった論理データモデルを、さらに磨き上げていきます。磨き上げの方法は以下のとおりです。
- エンティティ間で関係のない属性に当たりをつけて、ビジネスルールを炙り出す。
- リレーション1本1本を赤ペンでなぞりながら、ビジネスルールを炙り出す。
- 関連のあるエンティティの属性同士から、さらなるビジネスルールを炙り出す。
- システム全体図、プロセス、データの観点から、外部接続の漏れの確認を行う。

Step 15　要件定義書の作成
　ここまでに検討し、定義した内容をデータモデルとして、要件定義書にまとめます。作成された概念／論理データモデルは実現すべきToBeデータモデルとなります。
　「時間がない」という理由で、概念／論理データモデルを作成せずにデータベースを設計しようとする開発プロジェクトがあります。これは止めた方がよいでしょう。データ要件の枠組みを定義する概念／論理データモデルの作成は、システム開発プロジェクトにおいて必須です。
　重要性を理解せず、いきなりセオリーを無視したテーブル定義をしてデータベース設計を行った気になっているようでは、システムライフサイクルを全うするデータ構造を整備できません。データ構造の不備はそのままビジネス価値の低下に直結します。この重要

性はコンシューマー向けシステムであろうとエンタープライズ系システムであろうと変わりません。

実施作業の場合分け

これらの作業項目を、右の表のような場合分けに応じて、適宜、実施していきます。

	新規	修正
エンタープライズ系システム	❶	③
コンシューマー向けシステム	❷	④

❶と❷の場合、ToBeデータモデルに要件を加味し、新ToBeデータモデルを作成します。ToBeデータモデルが存在しない場合は、この工程にて、要件からToBeデータモデルを作成します。

③と④の場合は、修正の対象と対象外を明確にすることを心掛けます。ビジネス要件の変更を伴うような大幅な修正は、リソース系エンティティの見直しを必要とする場合があります。影響度を見極めてデータモデルの修正を行います。

4.7 CRUDマトリクス分析

CRUDマトリクスの重要性

　昨今、企業経営の視点から「データ駆動経営」が提唱されています。データ駆動経営とは、　データに基づいて仮説検証型経営を行うことです。もちろん、データは経営資源の一つに過ぎませんが、重要な要素であり、その重要性は益々増していくことでしょう。

　データの活用度は、データが参照される環境にまるごと依存します。データを参照したいときに、したい形で、参照できるようになっているかが重要です。これはWeb系の解析データであろうが、基幹系システムの伝票データであろうが変わりません。

　データを参照できる環境を構築する際、気を付けなくてはならないことがあります。それは、前提として「データがきちんと生成されていること」です。極めて当たり前のことですが、これがものごとの絶対的な原則です。そしてまた、データを生成する個々の業務プロセスが、業務の流れの中で滞りなく遂行されることが基本であることも、忘れてはいけません。データが生成され参照される環境を、業務がスムーズに行われる中で実現するのです。

　そのためにはまず、データの連鎖に着目します。生成したものの参照されないデータや、いつまでも削除されないデータがあるとしたら、そもそも①そのデータ自体が不要であるか、あるいは、②参照・削除するプロセス

が欠けているか、③プロセスの機能が欠けていることになります。このことを確認するのが、CRUDマトリクス分析の目的です。データ及びデータを操作するプロセスと機能が、データライフサイクルを全うするよう正しく定義されているかを、CRUDマトリクスで確認するのです。

CRUDマトリクスとは?

「CRUD」はC（生成）、R（参照）、U（更新）、D（削除）という4種類のデータ操作の頭文字をとったものです。データとプロセス、データと機能のマトリクスがつくる欄に、4種類のアルファベット頭文字を並べることにより作成します。

要件定義でCRUDマトリクスの作成を行う意味は、定義したプロセスと機能がデータライフサイクルを全うしているかを確認するためです。もちろん、CRUDを配置した欄に対して、更新要領とロジックを定義する必要がありますが、それは設計工程以降で行うべき作業とします。ここでは、「データ要件の明確化」で定義した論理データモデルの、各エンティティのデータライフサイクルまでを確認します。

CRUDマトリクス

		データ（エンティティ）					
		顧客		受注		受注明細	
プロセス	顧客登録を行う	C	R				
		U	D				
	受注登録を行う		R	C	R	C	R
				U	D	U	D

CRUDマトリクス分析の実施

具体的には、「データ要件の明確化」で作成した論理データモデルの各エンティティが、「業務プロセス要件の明確化」で作成したToBe業務フロー図に現れるどの業務プロセス、および、「UI・機能要件の明確化」で定義した機能から、きちんと、生成(C)・参照(R)・更新(U)・削除(D)の操作がなされているかをCRUDマトリクスの作成により確認します。

CRUDマトリクスの作成

「UI・機能要件の明確化」では、各UI・機能の操作対象となるデータ(エンティティおよびUIに現れた属性)が明らかとなりました。ここではそのデータを横軸、各業務プロセスおよび機能を縦軸にとり、マトリクス表を作ります。

個々の業務プロセスおよび機能と、データとの交差点(マトリクスを構成するひとつひとつのセル)は、そのデータに何らかの操作が行われるタイミングを表わしています。操作の内容は生成(C)・参照(R)・更新(U)・削除(D)のどれかであり、それを業務プロセスまたは機能が実現するわけです。

ここでは、業務プロセスごと、機能ごとに、どのデータに対してどの操作を行うのかを表わすために、該当するセルに、C・R・U・Dの4文字のどれかを記載していきます。

業務プロセス・機能×データ(エンティティ)のCRUDマトリクスに登録

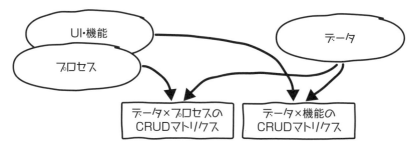

データ（エンティティ）側からの登録・確認

CRUDマトリクスができたら、データ（エンティティ）側からプロセスと機能を確認します。エンティティがきちんと生成（C）・参照（R）・更新（U）・削除（D）されているかをデータ視点で登録し、各エンティティのデータライフサイクル（CRUD）に漏れがないか確認します。

プロセス・機能側からの確認

プロセス・機能の側からデータを確認します。更新対象となるデータ（エンティティ）に対して、プロセス・機能が行う登録・更新の内容を確認します。プロセスとして不足している更新・参照操作がないか確認します。

CRUDの配置方法

CRUDマトリクスのプロセスとエンティティ、もしくは機能とエンティティが交差する欄においてC・R・U・Dを配置する場所を決めておきます。左上がC、右上がR、左下がU、右下がDといった配置が一般的です。

エンティティと業務プロセスの並び順について

エンティティは、サブジェクトエリア単位に分割して管理した上で、イベント系とリソース系に分けて並べたほうがわかりやすくなります。さらにイベント系については、業務フローを参照して、データ発生の時系列（想定で可）を確認して、その順番どおりに左から右へ順にエンティティを並べます。業務プロセスも、同様に業務フローを参照して、発生の時系列順に並べます。

エンティティと機能の並び順に関しても、同様の考え方で並べていきます。

Step CRUDマトリクス分析の手順

CRUDマトリクス分析の手順

CRUDマトリクス分析の具体的な手順は以下のとおりです。

Step 1　CRUDマトリクスの作成

業務プロセスとエンティティの間のCRUDマトリクスを作成します。

これは論理データモデルのサブジェクトエリア単位（エンティティ関連図の作成単位）に、作成します。基本的には、横にエンティティ、縦に業務プロセスを並べ、交差する欄に、ToBe業務フローとUIプロトタイプを基にして、CRUDを記述していきます。

Step 2　業務プロセス側からエンティティを確認

業務プロセスの側からエンティティを確認します。まず、当該の業務プロセスが更新・参照するべきエンティティに、もれなく「生成（C）・参照（R）・更新（U）・削除（D）」が定義されているかを確認します。

続いて、当該の業務プロセスが更新・参照できるように、エンティティ間のリレーションシップが定義されているかを確認します。不備が見つかった場合には、改めてリレーションシップの定義を行うとともに、業務プロセス側から該当エンティティに対して抜けているデータ操作（生成・参照・更新・削除）の登録を行います。

例：業務プロセス：「受注登録をする（行う）」の側からエンティティを確認

対象エンティティ	データ操作
【受注】	生成（C）・参照（R）・更新（U）・削除（D）
【受注明細】	生成（C）・参照（R）・更新（U）・削除（D）
【顧客】	参照（R）
【商品】	参照（R）

Step 3　エンティティ側から業務プロセスを確認

エンティティの側から業務プロセスを確認します。各エンティティに対して、最低で

もCRUDのどれか1つ以上が定義されているかを確認します。

不備が見つかった場合には、エンティティの側から、想定される業務プロセスに対してCRUD登録を行います。想定される業務プロセスがToBe業務フロー図に記述済みかを確認し、なければ記述します。プロセスモデルを変更することになります。

例：エンティティ【受注】の側から業務プロセスを確認

対象プロセス	データ操作
【受注登録をする（行う）】	生成（C）・参照（R）・更新（U）・削除（D）
【受注照会をする（行う）】	参照（R）
【受注伝票を出力する】	参照（R）

Step 4　機能とエンティティのCRUD分析

以上は業務プロセスについてのCRUD分析でしたが、機能についても同様です。論理データモデルのエンティティと機能とのCRUDマトリクスを作成して、以下の分析作業を行います。

① サブジェクトエリア単位にCRUDマトリクス分析を行う。
② 機能からエンティティを確認する。
③ エンティティから機能を確認する。

例：機能：「受注情報登録」の側からエンティティを確認

対象エンティティ	データ操作
【受注】	生成（C）・参照（R）・更新（U）・削除（D）
【受注明細】	生成（C）・参照（R）・更新（U）・削除（D）
【顧客】	参照（R）
【商品】	参照（R）

Step CRUDマトリクス分析の手順

例：機能：「顧客検索」の側からエンティティを確認

対象エンティティ	データ操作
【顧客】	参照（R）

Step 5　外部連携やデータ移行に関するCRUD定義

外部インターフェースの連携先やデータの移行元をエンティティとして定義した場合は、外部連携やデータ移行を司る業務プロセスおよび機能とのCRUDを登録します。

Step 6　CRUDマトリクスの確認

要件定義におけるCRUDマトリクスの作成は、データライフサイクル、プロセス・機能の漏れを確認することが目的です。最後に、この作成目的を果たしているかを確認します。

データとプロセスの交差点を管理

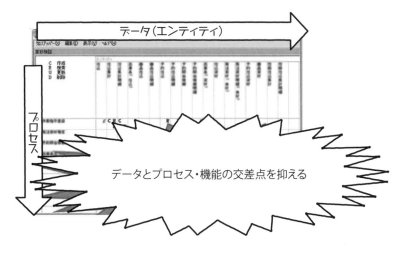

第5章

非機能要件の定義

5.1 非機能要件の明確化

5.2 ユーザビリティ要件の明確化

非機能要件の明確化

Theory of Requirement Definition

本節では、機能要件と並び昨今重要性を増している非機能要件について説明します。

非機能要件では「社会的責任」を最優先

　現代は、システムダウンに伴う業務停止について「社会的な責任」が問われる時代になりました。公共性が高いシステムであれば、天災であっても事業の継続性を求められます。情報の管理責任も厳しく問われるようになり、個人情報が流出すれば組織の信用は失墜します。開発対象のシステムは、そんな時代に稼働するものであると、まずは認識しなければなりません。

　非機能要件となりうる「ビジネス要求」としては、特にセキュリティとBCPの実現を目的とした可用性、信頼性が最優先になるでしょう。こういった社会的な要求は、ビジネス要求からシステム要求へのブレイクダウンを経て、システム要件として早期にまとめていきます。社会的な要求により必要とされる非機能は機能よりも先に要件化すべき事項です。

非機能要件が競争優位を制する！

　ITを前提として業務を支援する情報システムは、汎用機の昔から繰り返し開発され、「今や成熟期にある」といってよいかもしれません。アプリケーションの基本的な操作パターンは、変わらないものとなりつつあります。例えば、「何かを選択した後→必要事項を入力し→登録（ボタンクリック）

する」といった操作のパターンは、どのアプリケーションでもあまり変わりません。

対象ユーザーが従業員であろうと一般コンシューマーであろうと、機能面で差別化を図ることはますます難しくなりつつあります。そこで昨今では非機能面がサービス全体の価値を決め、競争優位の絶対条件になる、といった事態が生じています。

エンタープライズ系システムでは、事業の継続性や情報セキュリティといった確固たる「守り」が、これまで以上に重要になります。ユーザーである社内、関連会社、パート従業員の「働きやすさ」を求める声も高まっています。また、従来従業員が行っていた操作を、お客様に委ねる例も増えてきました。そういった意味では「攻め」である「ユーザビリティ」が、より重要になってきます。

コンシューマー向けシステムでは「非機能要件の重要度が、より高くなった」と言えます。ユーザビリティ、アクセシビリティ、パフォーマンス、セキュリティの強化は絶対条件です。競合に勝つためには、「攻め」を優先しつつ「守り」もおろそかにできません。

具体的には「迅速な処理(操作)」「快適性」「安全性」がポイントになります。「迅速な処理(操作)」は性能(パフォーマンス)、「快適性」はユーザビリティ、「安全性」はセキュリティに起因します。なお、ユーザビリティの快適性をここでは、「情報量や見栄えの良さ」による「使い勝手」という意味で使用することとします。セキュリティを確保しつつ、ユーザビリティと性能(パフォーマンス)がトレードオフにならないように、シンプルなUIを心掛け、非機能要件を明確にしていく必要があるのです。

筆者は非機能要件を整理する際に、ソフトウエアの品質属性を表わすモデルである「FURPS＋」(フープスプラス)と呼ぶ分類法を参考にしています。FURPS＋は以下の頭文字です。

- Functionality： 機能性。画面や帳票など、利用者が扱うUIと処理要求を含みます。

- Usability： 操作性。使いやすさ。画面の使い勝手や見栄え等を含みます。
- Reliablity： 信頼性。システムの停止要件（停止許容時間）、障害対策（ネットワークやハードウェアの二重化など）を含みます。
- Performance： 性能。オンライン処理の応答時間やバッチ処理時間などを含みます。
- Supportability： 保守の容易性。ハードの拡張性や互換性、プログラム保守のしやすさなどを含みます。
- ＋(Other)： 上記の分類に当てはまらないもの。主にプロジェクトの制約。例えばハードウエア設置場所等の物理的制約や、特定の要件を満たす操作端末（防爆仕様のハンディターミナルなど）、プログラミング言語の指定、セキュリティ要件等はここに分類されます。

非機能要件はこのFURPS＋のうち、F（機能性）を除いた「URPS＋」が対象となります。また、U（操作性）はコンシューマー向けシステムにおいて重要性が高いので、次項で別途説明します。

プロセスモデルから抽出

プロセスモデルとして作成した業務フロー図に登場する各アイコンは、個々の業務プロセスを表しています。業務観点で表したプロセスモデルの「業務の流れ」に登場する個々の業務プロセスから、必要な非機能要件を洗い出していきます。

この点について、「業務フローで非機能要件を洗い出すべきではない」、「業務フローに非機能要件を記述すべきでない」という意見を持つ人もいま

す。筆者は、「業務の流れ」の中で必要とされる非機能要件としてユーザーが認識している事項を、漏れなく抽出するためには、業務フローが最適だと考えています。

再三述べている通り「わかりやすい」業務フロー図は、開発者とユーザーの共通言語になりえます。これを機能要件だけでなく非機能要件を明確化するために使わない手はありません。使えるものはどんどん活用しましょう。

具体的には、各業務フローの流れと業務プロセスの5W2Hに注目します。5W2Hは、When（いつ）、Where（どこで）、Who（誰が）、How（どのようにして）、How many（どれくらい）を定義しています。特に、月次・日次やピーク時の処理件数、新規顧客数、1件当りの処理時間等のHow many（どれくらい）については、ユーザーから参考情報を聞き取るとともに、現行システムの調査に基づき、新業務プロセスの処理量を想定して、新システムの要件として定義しています。あくまで想定にすぎませんが、非機能要件をまとめる際の参考になります。

またピーク時の処理を想定する際も、5W2Hを基にして行います。特にコンシューマー向けシステムの場合、ビジネス要求に遡って、システム要件として満たすべき非機能要件を想定し、定義していく必要があります。

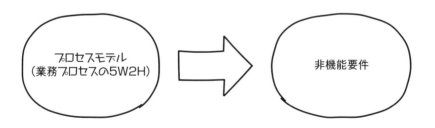

業務プロセスの5W2Hの抜粋と非機能要件の関係を以下に列挙します。
(1) When： いつ→ 実施タイミング（事前／開始条件を含む）
「24時間随時」── エンタープライズ系システムの場合、グローバルに展開するシステムであればありうること

です。

「24時間随時」——　コンシューマー向けシステムの場合、当たり前のことです。

主に「信頼性」「保守の容易性」に関係します。

(2) Where：　　どこで→ 場所、組織

「事務所」「倉庫」「外出先」——　エンタープライズ系システムの場合、デスクワークだけでなく、倉庫で、外出先で作業することはありうることです。

「場所を問わず」——　コンシューマー向けシステムの場合、当たり前のことです。

主に「操作性」「性能」「その他」に関係します。

(3) Who：　　誰が → 担当者、一般ユーザー

「該当部署担当者」「窓口パート社員」「協力関連会社担当者」——　エンタープライズ系システムの場合、社員だけでなくパート社員、そして昨今は協力会社の担当者に機能を開放して使用させるケースも見うけられます。

「一般ユーザー」——　コンシューマー向けシステムの場合、誰がユーザーとなるかわからないのが当たり前のことです。セキュリティに留意する必要があります。

主に「操作性」「性能」「その他」に関係します。

(4) How：　　どのようにして→ ユーザーシナリオから抽出した実施要領（制約条件を含む）

ユーザーシナリオ内の文言より「該当システムに入力することにより」——　エンタープライズ系システムの場合、上記、When、Where、Whoとの組み合わせを考慮する必要があります。

主に「操作性」「性能」に関係します。また、基本的な項目入力だけではなく、昨今はAI、IoTを通じてデータ操作を行う場合を想定する必要があります。その場合は、「その他」にも関係します。

ユーザーシナリオ内の文言より「該当UIに入力することにより」——　コンシューマー向けシステムの場合、When、Where、Whoが広範囲になるため、実施要項も多肢にわたる可能性があります。ペルソナを中心に、想定しうる状況に対応可能とします。入力対象デバイスはPC、スマートフォン等日々増えています。「操作性」「性能」に関係します。

(5) How many：どれくらい→ データ量、応答時間も含みます。

「XXX／D」——　エンタープライズ系システムの場合、該当機能の性能の目安になります。業務プロセスの定義では「ユーザー視点」からの数値目標が定義されています。このユーザー視点ともに想定しうる技術視点での数値を想定します。

主に「性能」「その他」に関係します。

「0.XS以内　XXXXX/d」——　コンシューマー向けシステムの場合、応答時間と処理件数の目安になります。「操作性」「性能」「保守の容易性」「その他」に関係します。

業務プロセスから非機能要件を洗い出す場合、まずはあくまで「業務視点」「ユーザー視点」からまとめ、客観的、技術的数値に落とし込んでいく意識が重要です。

Column

応答時間の感覚の違い

昔、筆者の関わったエンタープライズ系システムにおいて、窓口受付業務を支援するシステムを開発した時のことです。「応答時間：3秒以内」という話が出ました。

一見まともそうに聞こえますが、現場の業務視点からすれば、とんでもないことです。お客様と対峙しながら使用する窓口業務システムにおいて、3秒は永遠に近い時間に感じられます。このように机上の数値と、現場で体感している数値には開きがあります。

バッチ処理であれば、「翌朝オンライン起動までに終了」という要件は開発者、ユーザーとも合意しやすい要件といえるでしょう。またその際には、例えば「障害発生時でも翌朝の業務再開を可能とするのか」等、現時点で想定可能な例外対応について合意しておく必要があります。

この「合意事項」は一度決めてしまうと覆すのが容易でありません。たとえUIを伴わないバッチ処理であっても、ユーザーシナリオを元に業務要件を優先して決めていくべきです。つまりシステム要件というより、ビジネス要件・業務要件に関する合意が必要になります。

性能をどう数値化するか？

性能の数値化を行う際、ユーザーの聞き取りだけを頼りに決定するのは危険です。ここは要件定義を行う開発者が「一般的に想定される性能」をきちんと把握した上で、数値化目標を決めていきます。間違っても先にユーザーに聞き取りをしてはいけません。ユーザーは、実際に操作するのが自分だったとしても、感覚的に物事を捉えているケースが多いものです。開発者が指針を出した上で、ユーザーとの合意に至る形が理想です。

例えば、コンシューマー向けWebシステムにおいて、何らかのボタンをクリックして数秒間、何も動かないようでは話になりません。これは今日で

は一般常識です。

プロトタイプからの非機能要件抽出

後述するユーザビリティ要件を明確化するために、「UI・機能要件の明確化」で作成したプロトタイプと画面遷移図を使用します。

ここでの注意点は、設計レベルの議論に深入りしないことです。あくまで非機能要件としてまとめるのだ、という意識を持つことです。

移行要件を甘く見ない

移行要件は上記の「URPS＋」の分類では、その他扱いになります。非機能要件を整理する際に、移行要求をどのように要件化していくかも、きちんと検討します。AsIsからToBeを作り上げる過程でも検討していきます。ユーザーの要求としては当たり前であるにもかかわらず、埋もれてしまい、後々問題になることがあります。移行要件をきちんと明確化する必要があります。

具体的にはまずデータ移行を考えます。「データ要件の明確化」で作成した概念データモデル／論理データモデルのうち、データ移行が必要と思われる移行先エンティティを抽出し、移行元である現行システムのファイル(?)と項目の特定、移行機能の概要を検討します。

また、移行は一度に実施できるのか、複数回に分けるのか、システム上と業務上の制約を考慮して、現時点でわかる範囲でまとめていきます。

仕様継承の際の非機能要件とは？

現行仕様を継承する際の非機能要件の扱いは要注意です。エンタープライズ系システムにおいて、アークテクチャに何らかの変更が生じる場合で

も、特にレスポンス（性能）が現行より劣化するようでは、ユーザーはなかなか受け入れてくれないでしょう。コンシューマー向けシステムにおいては、より使いやすくならない限り、一般ユーザーは離れていくだけです。後述するアーキテクチャの選定を含め、熟考する必要があります。

第5章 非機能要件の定義

Step「非機能要件の明確化」の手順

「非機能要件の明確化」の手順

「非機能要件の明確化」の具体的な手順は以下のとおりです。

Step 1　「社会的責任」になりうる非機能要件の明確化

　要件定義の前工程において、「ビジネス要求」の中で、企業組織の社会的責任を全うするために必要と思われる事項を「システム要求」として整理しました。社会的責任を最優先事項として、実現性を考慮しつつ、要件化していきます。

Step 2　業務プロセスの定義から非機能要件の明確化

　業務フロー図に表現された「業務の流れ」、および個々の業務プロセスの定義から、各プロセス単位の非機能要件を抽出します。

Step 3　その他非機能要件の明確化

　移行要件等、プロセスから抽出できない非機能要件を明確化します。移行要件は、ToBeとAsIsの差異から洗い出します。基本はデータ移行の要件を中心に考えていきます。その際、漏れをチェックするため、類似のプロジェクトがあれば参考にします。特に、古いデータを本当に移行する必要があるのか、熟考が求められます。具体的には、「5年間取引のない顧客及び取引データを移行対象とするか」等を検討し、決定していきます。

Step 4　トレードオフ関係にある非機能要件の整理

　明確化された非機能要件のうち、トレードオフの関係があるものを抽出し、ある程度の両立が可能か、そうでない場合はどちらを優先するかを決定します。

Step 5　非機能要件定義書の作成

　以上の非機能要件をプロセス単位と機能単位に一覧にし、最終的には目安で構わないので、システムで実現すべき目標を数値化して定めていきます。例えば、「応答時間○秒以内」とか、「同時登録可能な件数最大○件」などといった具合

です。この数値化は「ユーザー視点」「開発者（技術者）視点」で行います。それを一覧表にして非機能要件定義書としてまとめます。その際には、現時点で想定しうる実装方式の概要、方針までを記述しておきましょう。

Theory of Requirement Definition

ユーザビリティ要件の明確化

前項でまとめた非機能要件を基に、「機能・UI要件の明確化」で作成したプロトタイプ（ペーパープロトタイプ）と画面遷移に対し、ユーザビリティの観点から見直しを掛けることで、ユーザビリティ要件を明確化していきます。

ユーザビリティの明確化の目的

改めて「ユーザビリティ」について考えてみます。情報システムにおけるユーザビリティとは、画面UIの使い勝手を指しています。これは前項で説明した非機能要件の一つに分類されます。

【分類】	【目的】	【効果】
作り手	データ操作	定量効果
使い手	心地よさ・使い勝手	感動・安心

上の表の3行目【分類】使い手の各項を明確化することが、この項の目的です。

「機能・UI要件の明確化」のフェーズでは、ユーザー（関係者かお客様かを問わず…つまりエンタープライズ系かコンシューマー向けかを問わず）に、データ操作を円滑に行ってもらうために必要なUIの姿を明かにしました。これは「作り手側」の論理です。本項では「使い手側」の論理、真のお客様視点でUIを再整理し、ユーザビリティの観点から必要なUIを明確化します。

画面遷移を含めてユーザビリティを高めるべく、きちんと時間をかけて検討することは、システムの価値を高める上で充分に価値のある作業です。

「わかりやすく」「速い」こと

特にコンシューマー向けWebシステムでは、「わかりやすく」「速い」ことが重要です。「速い」はユーザビリティではなくレスポンスの話ですが、使い勝手を考えると無視するわけにはいきません。この2つが両立できてはじめて「良いシステム」となります。

このユーザビリティの明確化において、上記の両立を意識したUIを検討する必要があります。時には妥協が必要かもしれません。例えば、1ページに情報を集約して一覧性を重視するよりも、読み込みスピードを優先して、複数ページに情報を分割すべきかもしれません。

一つ言えることは、UIについては、より「シンプルに考える」方が、両立が可能になるということです。一度、できるところまでシンプルに、余計なものを全部削ぎ落としてみるくらいの気概が必要である、と筆者は考えています。

最近のUIトレンド

コンシューマー向けシステムでは、昨今スマートフォンの普及が加速し、SNSの影響からか「縦」位置の画面が標準になりつつあります。PCなど横長の画面に慣れていた文化が変わりつつあり（というより年齢層の違いかもしれません）、今後ユーザビリティを検討する際には、当然のこととして縦長の画面を考慮しなければなりません。

また、同じくスマートフォン（特にiPhone）の普及に伴い、ユーザーは心地よく操作できることを当たり前のものとして求めるようになりました。指に吸い付くように画面遷移できることが当然と思っています。そうした世の

中の「当たり前」を頭に入れた上で、ユーザビリティを考える必要があります。

一方、エンタープライズ系システムでは従来、コンシューマー向けシステムと比べて、求められるユーザビリティのレベルは低いと言われてきましたし、筆者も同意見でした。ところが状況は変わりつつあります。「働きやすさ」が企業組織の指針になり、優秀な人員確保の条件になっています。また、社内に閉じられていたシステムを、社外スタッフに開放する機会も増えています。当初の想定よりも多くの人の目に触れ、操作される機会が増えたのです。

業務プロセスを支援する機能を実現する手段であるUIも、これらの変化を受け止める必要に迫られています。機能によっては一時期の「チープなUI」では通用しなくなったのです。「働きやすさ」を支援する「使いやすさ」とともに、さらなる効率性が求められています。

しかも、従来従業員しか触れなかったシステムを、一般のお客様が操作するようになりました。コンシューマー向けシステムとエンタープライズ系システムの境界線がどんどん曖昧になりつつある今、改めてエンタープライズ系システムがユーザビリティと向き合うべき時が来たと言えるでしょう。

UXの観点からユーザビリティを見直す

「わかりやすさ」とともに、UXにおいて忘れてはならないのは「一貫性があること」です。画面UIごとにばらばらの印象を与えるようでは、ユーザーは心地よく安心して操作できません。本来は、画面設計標準を参照してUIを作れば自然に実現できるような環境を構築すべきではありますが、ここはUIに特化した標準を用意し、かつ遵守することにより「わかりやすさ」と「一貫性」を高める必要があります。このことは複数の異なるデバイスに関しても考慮すべきです。PCで操作し、続けてスマートフォンで操作

した際にも、何の支障もなく継続できるようにしなければなりません。但し必要なのは「一貫性」であって、決して「同一性」ではありません。

ペルソナの再定義

　よりシビアなペルソナを作り上げて、ユーザビリティを見直します。「シビア」というのは、コンシューマー向けシステムであれば、「満足すれば良いお客様になってもらえるが、その壁が高いユーザー」という意味であり、エンタープライズ系システムであれば、「該当機能を使い倒すくらいに使い込むヘビーユーザー」という意味です。

　本来は設計工程で行うべき作業ではありますが、「競争力の源泉」となりうるものを早い段階できちんと整理することは、重要かつ不可欠です。

　そして再定義したペルソナの視点で、ペーパープロトタイピングを行います。カスタマジャーニーマップも必要なら作成・修正します。例えば、「アニメーションを効果的に追加する」とか、レスポンスを優先するために「一部ページの読み込みを少なくする」等の意見が出されることもあります。

Step「ユーザビリティ要件の明確化」の手順

「ユーザビリティ要件の明確化」の手順

「ユーザビリティ要件の明確化」の具体的な手順は以下のとおりです。

Step 1　ペルソナの再定義

　定義し作り上げたペルソナ像を見直します。エンタープライズ系システム、コンシューマー向けシステムを問わず「厳しい」ユーザー像を作り上げます。

　このペルソナは、改めてデータを元に、実際のユーザー像の思考・言動・行動を想定して作り上げていきます。この場合のデータとは、エンタープライズ系システムであれば、部署・職位・能力（評価）等、コンシューマー向けシステムであれば、年齢層・性別・行動履歴等を指します。

Step 2　プロトタイプの見直し

　ペーパープロトタイプをペルソナの視点で見直し、必要があれば修正します。また、必要と思われるデザインの追加も検討し、その内容をプロトタイプの横に書いておきます。

Step 3　画面遷移の見直し

　上記のペーパープロトタイプを並び替えて画面遷移を再度見直し、改めて明確化していきます。

Step 4　ペルソナの視点からの見直し

　ペルソナの視点から最低限抑えるべき事項は、忘れずにプロトタイプに反映していきます。また、留意すべき事項があるようなら書き出しておきます。

Step 5　プロトタイプ、画面遷移の確定

　ユーザビリティ要件を反映したプロトタイプと画面遷移を確定します。

Step 6　非機能要件定義書の作成

　このプロトタイプ等を含め、非機能要件定義書の一部としてまとめます。

第6章

アーキテクチャの整備

6.1　アーキテクチャ方針の明確化

6.2　システムインフラアーキテクチャの明確化

6.3　アプリケーションアーキテクチャの明確化

Theory of Requirement Definition

アーキテクチャ方針の明確化

機能／非機能要件を基に、開発対象のシステムのアーキテクチャ方針を明確化します。本項ではあくまで、アーキテクチャを具体的に決定するための方向性を明確にしていくことを目的とします。

情報システムにおけるアーキテクチャの位置付け

アーキテクチャとは「構造体」を意味します。情報システムにおけるアーキテクチャとは、ITシステムの構造であり、環境であり、基盤であり、制約でもあります。

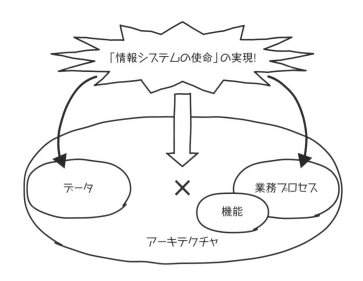

6.1 アーキテクチャ方針の明確化

前述した「情報システムの使命」を実現するための業務プロセス、データ、そしてその交差点を管理するに当たり、基盤となるものと言い換えてもよいでしょう。明確化したデータと業務プロセス、機能、そしてその交差点を管理する上で、必要とされるアーキテクチャを、非機能要件に基づいて明確化します。

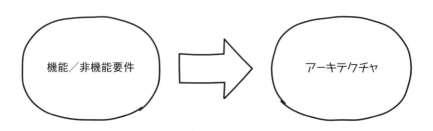

　昨今、アーキテクチャの選定が、機能/非機能要件に影響を与えるケースが出てきました。詳しくは後述しますが、主に「クラウド」の普及によるものです。この場合、機能/非機能要件とアーキテクチャは、相互の影響を意識しつつ明確化していく必要があります。本章では上の図のパターンを基本とし、下の図のパターンについても触れていきます。

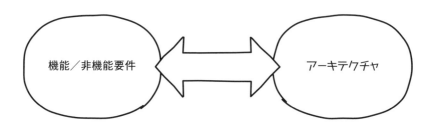

要件定義で扱うアーキテクチャ

　企業情報システムのアーキテクチャには、EA（エンタープライズ・アーキテクチャ）をはじめ、様々な捉え方や用語定義があります。とはいえ、本書のテー

マである要件定義の段階においては、最低限以下の2つについて、それぞれの要件を明確にしておくことがゴールとなります。

- システムアーキテクチャ
- アプリケーションアーキテクチャ

　前者を後者と峻別する文脈から「インフラアーキテクチャ」に限定する考え方もあります。しかし本書では、システムインフラだけでなく、クライアント／サーバー型やWeb、クラウドアーキテクチャといったように、システム構成全般を指す「システムアーキテクチャ」も、要件定義段階で明確にすべきアーキテクチャと考え、検討の対象とします。

　後者は「ソフトウエアアーキテクチャ」と呼ばれる場合もあります。本書では前者と同様に、広い意味でアプリケーション、ソフトウエア、ソフトウエア標準を包括して、それらの構造を指す言葉として使用し、前者同様に要件定義にて明確にすべきアーキテクチャと考え、検討の対象とします。

　この2つが両輪のように支え合って、システムの基盤となるのです。システムアーキテクチャは非機能要件を基に、主にインフラの方向性を明確化していきます。アプリケーションアーキテクチャは機能要件を基に、主にソフトウエア開発の方向性を明確化していきます。別の見方をすると、これらのアーキテクチャは、ビジネスの静的側面である「データ」と動的側面である「業務プロセス」を、要件レベルではあるものの、機能／非機能という両方の側面から支える情報システムの基盤と言ってもよいかもしれません。

　いずれにしても、要件定義において2つのアーキテクチャの在り方を明確にすることが、情報システムの価値を、より大きく左右するようになったことは紛れもない事実です。

求められるレベル

　要件定義において、2つのアーキテクチャをどこまで落とし込むかは、意

見の分かれるところです。筆者の考えは、繰り返しになりますが「求められる見積のレベルに応じて」です。

　要件定義において「大枠」を掴み、ある程度の方向性を明確にするのか、厳格な要求仕様として確定するのかで、求められるレベルは異なります。方向性を掴み、可能な限り明確化した上で、設計の段階で変更可能にするために「バッファ」を残しておくのが現実的であると、筆者は考えています。

　次項以降で、2つのアーキテクチャを明確化していきます。

Theory of Requirement Definition

システムアーキテクチャの明確化

本項では情報システムに関わるアーキテクチャのうち、「システムアーキテクチャ」の方向性を明確化していきます。

基本的なシステムアーキテクチャの枠組み

まず、基本的なシステムアーキテクチャの枠組みを検討します。枠組みとして最初に検討すべきは「システム形態」です。検討の候補には以下があります。

- ホスト中心── 昔ながらのメインフレームを使用するシステムです。
- 2層クライアント／サーバー型── オープン系のサーバーとクライアントPCで処理を分担するシステムです。
- 3層クライアント／サーバー型── データベースサーバー、アプリケーションサーバー、クライアントで処理を分担します。
- Webシステム（PCブラウザ・モバイル）── クライアントとしてPCまたはモバイルのWebブラウザを使用するシステムです。
- Webシステム（リッチクライアント）── クライアントとして「リッチクライアント」と呼ばれる特殊なブラウザを使用するシステムです。スマートフォン専用アプリケーションもこの分類に含めます。
- その他のシステム── IoTデバイスを使用するシステムや、サーバーレスのP2P（ピアツーピア）、エッジコンピューティング

等が提唱されています。

上記形態とともに、サーバーの置き場所も検討する必要があります。置き場所の分類には以下があります。

- オンプレミス―― ハードウエアからOS、データベースまで全てを自前で構築します。昨今の仮想化技術により、OSの配下に仮想OSとコンテナを配備することで、ハードウエアを意識する必要が低下しつつあります。
- クラウドサービス―― 以下の4種類の形態があり、どれを選択して構築するか検討する必要があります。

① IaaS： インフラまでをクラウドで調達。具体的にはOS、サーバー、ネットワーク機器、ファイアーウオール、DNS、SDN、SSD環境が提供されます。インフラに関する設定を管理する必要があります。

② PaaS： ミドルウエアまでをクラウドで調達。RDBMSなど、ミドルウエアの設定を管理する必要があります。

③ SaaS： アプリケーションをクラウドで調達。ハードウエア・ミドルウエアを意識せず使用可能です。アプリケーションそのものの設定は管理する必要があります。

④ FaaS： 粒度の小さいサービスをクラウドで調達。組み合わせて処理を行う。サービス呼び出しごとの課金は、サーバーを時間レンタルするより低コストになる。自然とマイクロサービスの組み合わせとなることが特徴です。サーバーレスアーキテクチャを指向することになります。

クラウドサービスを使用する場合は、①〜④の組み合わせを含め検討します。この組み合わせの中で、集中・分散等の処理方式を検討し、最適な形態を選択もしくは併用すべく、方針を固めていきます。

分散方針

集中と分散を検討するに当たっての方針を検討します。昨今は「疎結合」がキーワードになるほど「適度な分散」が主流になっています。そうした背景から、主に「分散」に対する方針を優先して検討することになります。

① 業務による分散 ── 業務単位に分散するか、集中管理を行うかを検討します。
② インフラによる分散 ── アプリケーションとデータを、どのように分散配置して管理するか、を検討します。
③ 水平分散 ── 処理のボリュームに応じて、各アプリケーションやデータの分散をどのように(場合によっては動的に)行うか検討します。

マイクロサービスを使用する場合は、業務に注目し、それぞれが独立性を備え、更新が容易になるように分散配置を意識して設計を行います。要件定義段階においても設計方針を考慮する必要があります。

システムアーキテクチャを明確化する際、非機能要件をどこまで、どのようにアーキテクチャとして落とし込むかを熟考します。例えばピーク時の処理件数や応答時間に対応可能なインフラを、オンプレミスで用意すると高価なものになります。また、特にコンシューマー向けシステムでは、1年後のユーザー数すら想定するのが難しい時代になりました。

ただ、それが要件として絶対であれば、実現可能なアーキテクチャを検討すべきでしょうし、もし検討の余地があるのなら、非機能要件の見直しを行います。

クラウドを採用すれば、将来の拡張性や撤収を、あまり意識せずに構築を進めることができます。但し、使用方法を明確にし、適材適所で使用しないと、問題が起こることもあります。よくある例は、クラウド利用のコスト

が高価になりすぎて、結局オンプレミスに回帰するパターンです。クラウド利用に際しては、それぞれのサービスの特徴や仕様、料金が自社の要件と合致するかを見極め、契約の詳細を含めきちんと確認した上で、使用可否を決めなければなりません。

インフラとしてクラウドを選択した場合、自ずとシステムアーキテクチャは決まってきますが、これにより非機能はある程度大枠を決めておき、実際にはシステムのリリース後に調整することが可能になります。そういった点からみても、クラウドはコンシューマー向けシステムとの親和性が高いと言えるでしょう。システムアーキテクチャが決まることにより、後述するアプリケーションアーキテクチャは制約と方向性が決まることになります。非機能と機能が混在した環境をマネジメントする能力が必要になることを考慮する必要があります。

また、クラウドの普及に伴い「Infrastructure as Code」という言葉を耳にすることが増えました。インフラ構築をコード化することにより、手作業による設定を禁止できる時代になったことを意味します。

システムアーキテクチャにクラウドを選択した場合、ある程度の要件を基に設計を行い、本番環境では、ある程度のチューニングが可能です。とはいえ、システム機能ごとのキャパシティプランニング(サイジング)は必要です。これは非機能要件を基に、設計工程以降で詳細に落とし込んで実施します。

運用要件

システムアーキテクチャの方向性がある程度固まった時点で、運用要件についても検討します。運用に関する要件は後回しになりがちですが、情報システムは動き続けてこそ価値を持ちます。アーキテクチャ検討の際に併行して検討しましょう。どこまで自動化するのかの範囲、リカバリの許容時間(業務再開可能までの時間)、年次・月次・日次処理の有無、処理内容、障害

対応等をまとめていきます。

移行要件

　運用要件同様に、移行要件についても検討します。現行システムが存在する場合は、非機能要件で検討した内容を基に、新システムのアーキテクチャの方向性が固まった時点で、さらに検討を加えます。このとき、ToBeとAsIsの差異を埋めて、新システムを稼働可能な状態に持っていくための要件を明確にする必要があります。

　対象はデータと業務です。要件定義としては、「一度に移行が可能か」、「同時並行処理が必要か」、「システム停止が可能か」等、実現性を検討し、まとめていきます。

Step「システムアーキテクチャ明確化」の手順

「システムアーキテクチャ明確化」の手順

システムアーキテクチャ明確化の具体的な手順は以下のとおりです。

Step 1　方向性の決定

本節の冒頭に挙げた6種のシステム形態、およびオンプレミスまたは4種のクラウドサービスについて、非機能要件を満たす最適な組み合わせを検討し、複数の組み合わせを含め、方向性を決定します。

Step 2　具体的な設定

決定したシステム形態の各種設定（インフラ、OS、ミドルウエア）を検討し、方向性を決定します。具体的に決めるべきは以下の事項です。

- インフラ：　　　　PCやサーバー等の機種、DBサーバーやAPサーバー等の用途、ストレージ・周辺機器・メモリ、仮想化、クライアント選定（モバイル等）
- OS・ミドルウエア：　サーバーやクライアントのOS、ブラウザソフト、DBMS等のデータ管理、APサーバー等のミドルウエア
- その他ツール等：　開発支援ソフトウエア、運用支援ツール、エンドユーザー支援ツール等

クラウドサービスを使用する場合、サービス形態の選択により定まることがあります。

Step 3　ネットワーク環境の決定

ネットワーク環境を検討し、方向性を決定します。
- 回線の準備、通信サービスの選定、機器選定、工事計画等

これに関してもStep2同様に、クラウドサービスを使用する場合、サービス形態の選択に応じて定まることになります。

Step 4　アーキテクチャ定義書の作成

　決定したシステムアーキテクチャの方向性を「アーキテクチャ定義書」にまとめます。システム形態の大枠と、現時点での設定内容が把握できるように、一覧表とイメージ図があればよいでしょう。

Step 5　運用要件の追記

　上記の方向性に基づく運用要件をまとめて、「アーキテクチャ定義書」に追記します。

Step 6　移行要件の追記

　新システムへの移行要件に関する検討を行い、方向性を決定します。決定内容を「アーキテクチャ定義書」に追記します。

アプリケーションアーキテクチャの明確化

本項では情報システムに関わるアーキテクチャのうち、「アプリケーションアーキテクチャ」の方向性を明確化していきます。

アプリケーションアーキテクチャの位置付け

　非機能要件を満たすシステムアーキテクチャを基盤とし、機能要件を満たす条件を検討します。ここでは使用プログラミング言語、データフォーマット、命名規則、通信手段、コーディング規約、UI標準、プロセスモデル標準、データモデル標準、モデリングツールを使う場合はその使用標準を検討します。標準に関しては、他システムで採用しているものを踏襲するのか、新たに作成するのかをきちんと整理して決める必要があります。

　設計標準をアーキテクチャとして捉えるべきか多々考えが別れるところではありますが、アーキテクチャの方向性が定まってきたら、併せて検討に入ります。「基盤」が定まったら、その標準的な「使い方」までを、可能な限り検討することになります。

　前述したとおり、クラウドサービスを採用した場合には、システムアーキテクチャの方向性によりアプリケーションアーキテクチャが決まってしまう場合があります。その場合は当然のことながら、制約を受け入れた上で検討を行います。

設計標準の検討

　UI画面、画面遷移パターンの標準化を、エンタープライズ系システム、コンシューマー向けシステム、その混合のシステムごとに進め、UI画面レイアウト標準と画面遷移標準を規定します。業務プロセスの5W2H定義を基にした機能要件において、マルチデバイスの使用を前提とするなら、デバイスごとのUI標準を考えます。当たり前のことですが、固定のPCやノートPCと、スマホやタブレットでは、機器、通信環境、利用環境の特性が異なるため、標準は異なります。

　ここでUIの標準を決めておくことにより、結果的に後々工数の削減につながります。またUIの一貫性を保つことが可能になり、ユーザーが混乱しない快適な操作性を担保できます。

　標準を決めるにあたっては、画面パターンごとに、いかにUIを「シンプル」に実現するかを考えます。そして、「シンプルさ」を考慮して定めたUI標準が、画面遷移を考慮した際に違和感がないかを確認します。

プロセスモデル標準とデータモデル標準

　業務フロー表記、業務プロセスの5W2H定義、仕様記述、データモデル表記／定義に関しても標準を決めておきます。モデル作成時に標準がないと、モデルの品質に明らかにばらつきが生じます。さらにモデルの品質低下が、要件定義自体の品質低下につながります。

明確にすべきアプリケーションアーキテクチャ

　明確化すべきアプリケーションアーキテクチャには以下の各項があります。
- 処理形態（オンライン・バッチ等）
- アプリケーション方針（オンライン・バッチ連動方法、どこまでサーバー側で処

理するか、機能配置等）
- サーバー側プログラミング言語・フレームワークの使用
- DB操作方法
- 通信プロトコル
- クライアント側プログラミング言語
- ユーザーアクションの検知方法
- データ保持方法・チェック方法
- 画面遷移方法
- 排他制御方式（楽観ロック、悲観ロック）
- 取消方法
- ログ

　最低限これらについて、方向性を決めていきます。現時点におけるアプリケーションアーキテクチャの方向性を明確化していき、一旦方向性を確定し、「アーキテクチャ定義書」にまとめておきます。

　なお、上記の各項を定義する際、守るべき順番のようなものはありません。それぞれが明確になればよいので、ここでは「手順」を示すことはしません。

> Column
>
> ## 簡易に作ることを恐れるな!
>
> エンタープライズ系システムに限った話かもしれませんが、機能により、簡易言語の使用を検討してみましょう。単純な機能に、複雑な(プライオリティの高い)機能と同じ工数をかける必要はありません。同時実行性が少ない、使用頻度が低い、けれども開発せざるを得ない機能ならば、簡易に作ることを検討してもよいでしょう。
>
> アプリケーションアーキテクチャに関わる話ですので、プログラミング言語の統一性の問題を考慮する必要はありますが、アプリケーション開発の選択肢は、昔と比較にならないほど増えています。用途に応じてプログラミング言語を使い分けることができる時代です。
>
> 業務プロセスの5W2Hを定義した後、実際にどのように実装するか、工数や品質面にメリットがあるのか、実施を検討します。企業組織には様々な業務プロセスが存在します。それらをうまくITシステムが支援できれば、ビジネスの幅が大きく広がることもあります。
>
> また、投資効果測定等の結果、今回の開発対象外となった業務プロセスについても、個別システム開発、個別パッケージ適用(クラウドサービスを含む)により対応可能とする余地は残しておきましょう。現在、ビジネスの変化は飛躍的に速くなっています。外部インタフェースだけでも用意して、システムとして対応可能な形は整えておくことが重要です。

第7章

妥当性確認／合意形成

7.1　要件定義の妥当性確認

7.2　要件定義の合意形成

Theory of Requirement Definition

要件定義の妥当性確認

本項では要件定義において明確化した、機能要件、非機能要件、2つのアーキテクチャの妥当性を確認する方法を説明します。
今回のシステム開発プロジェクトにおいて、ユーザーから引き出した要求を要件としてまとめ、実装する予定の機能の妥当性を判断します。実装しない機能を明確にすることも目的の一つとなります。

システム要件の妥当性確認

　要件の合意を得るために、要件定義において作成した成果物が、「システム化の目的」「コスト・納期」を踏まえつつ、顧客（ユーザー）の意図を正しく反映しているかを確認します。その際、「要求として抽出されたが、実装対象外、つまりシステム要件対象外となった機能」、「要件の変更管理方法」、「要件定義の制約条件と前提条件」、「未決事項」についても、認識を共有しておくことが重要になります。なお、「要件の変更管理方法」「要件定義の制約条件と前提条件」については本書で言及していません。いずれも開発プロジェクトの状況に応じて方針決定及び認識する必要があります。

要求の妥当性

　本来、要件定義で行う作業ではなく、所謂「要求分析」で行うべき作業ですが、要件定義においても確認の意味を込めて整理します。

「ビジネス要求」として整理された要求のうち、「業務要求」としてブレイクダウンされた要求の妥当性、さらに「ビジネス要求」「業務要求」として整理された要求のうち、「システム要求」としてブレイクダウンされた要求の妥当性を確認します。これは下の図の各矢印の妥当性を確認することになります。

併せて、下の図①元のToBeモデルと要求との整合性を確認します。

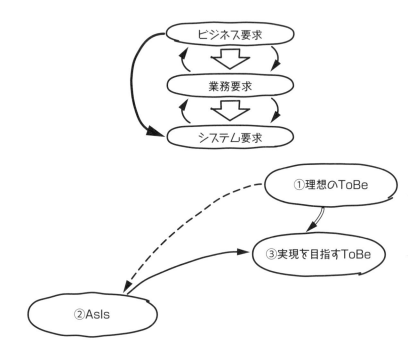

要求から要件への妥当性

「ビジネス要求」「業務要求」「システム要求」から「ビジネス要件」「業務要件」「システム要件」として整理された各要件について、妥当性を確認します。この確認作業は、「要求」として現出したものの「要件」化されなかった事項を明確にする目的も兼ねています。つまり「先送り」の事項を明確に

するということです。

　これは次頁の図の各矢印の妥当性を確認することになります。例えば、「ビジネス要求」から「業務要件」にブレイクダウンせずに、「ビジネス要件」に移行した要件とは、「新ビジネス立ち上げ」「組織・人事」「マーケティング戦略」等、部門レベルでは解決できないトップダウンの意図を反映したものです。

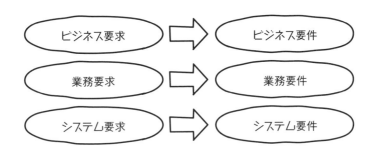

要件の妥当性

　「ビジネス要件」として整理された要求のうち、「業務要件」としてブレイクダウンされた要件の妥当性、さらに「業務要件」として整理された要件のうち、「システム要件」としてブレイクダウンされた要件の妥当性を確認します。

　ここではブレイクダウンされなかった要件を明確にする必要があります。例えば、次のような要件が該当します。

- 「ビジネス要件」→「新組織設立」「IT以外のビジネスプラン」「人事」
- 「業務要件」→「IT以外のマーケティングプラン」「新業務フローの確立」等
- 「システム要件」→今回の開発プロジェクトで開発対象のシステム機能

ここまでの確認作業について、改めて経営資源(人・モノ・金・時間)と突き合わせた上で妥当性を判断します。これは図の各矢印の妥当性を確認することになります。

　併せて、前頁の図③新ToBeモデルと要件との整合性を確認します。

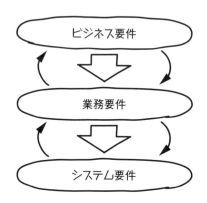

成果物の確認

ここまでの要件定義の作業を通じて、以下の成果物を作成してきました。

① 要求・要件トレース図
② システム全体図
③ 概念／論理データモデル (ER図・用語集・データ項目辞書(データディクショナリ))
④ ビジネスルール集 (要件定義レベル)
⑤ ToBe業務フロー及びプロセス定義 (プロセスモデル)
⑥ UI定義 (プロトタイプ) ／画面遷移図
⑦ 上記①から⑥を含む機能要件定義書
⑧ 非機能要件定義書
⑨ アーキテクチャ要件定義書

妥当性確認のイメージ

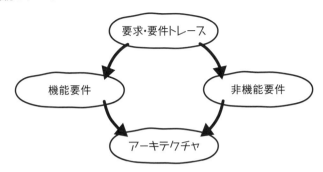

　確認された「システム要件」に基づき、機能／非機能要件が適切に定義されているか、さらに機能／非機能要件を満たすためのアーキテクチャの方向性が合っているかを確認します。⑤⑥に関しては、併せて「業務要件」を満たすプロセスになっているかの確認を行います。

「未決事項」の取り扱い

　時間的制約により、どうしても「未決」のまま要件定義工程を終えざるをえない場合があります。方向性が定まらないまま終えるのは問題がありますが、とはいえ、いくらでも時間をかけてよいはずはありません。プロジェクトはいくつもの制約の中で遂行されます。リソース（人、モノ、金、時間）及び技術的制約を無視して成立するプロジェクトはありません。

　時間切れの場合、どうすればよいでしょうか。そのときは、次工程（設計工程）以降、つまり要件定義の後で、「何をどうするのか」を決めなくてはなりません。何らかの解決策を講じなければなりません。

　「未決」事項は、「システム要件」として整理された、今回のプロジェクトにおける開発対象機能の一部です。「未決」のまま置かれたことにより、もし開発が滞った場合に、「業務要件」「ビジネス要件」へどのような影響が及ぶかを、しっかりと把握しておく必要があります。

そして、次工程以降で解決したならば、その結果を「要件定義」の成果物にフィードバックできなければなりません。そのための次工程以降の「バッファ」をどのように確保するか、要件定義段階できちんと検討しておく必要があります。

Theory of Requirement Definition

要件定義の合意形成

本項では、「システム要件」として整理された要件について、開発者とユーザーの間で合意するための方法を説明します。併せて、「ビジネス要件」「業務要件」について、実現性を含め確認を行います。

合意形成

　本来、システム開発プロジェクトにおいては、「システム要件」についてのみ、合意を得られれば目的は達成されるのかもしれません。ただ、前述のとおり、情報システムはビジネスや業務のストーリーを通して、ユーザーにとっての価値を提供するものです。単なる項目の羅列では、開発予定のシステムの妥当性を判断し、合意に至ることはできません。

　ビジネスと業務のストーリーを意識しつつ、「システム要件」とともに「ビジネス要件」「業務要件」に関しても、対象となるステークホルダーに確認し、合意を得ます。対応関係は以下のとおりです。

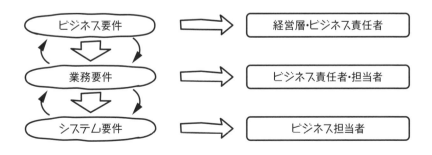

「ビジネス要件」→経営層・ビジネス責任者

　経営トップ及び該当ビジネスの責任者との間では、ビジネスの方向性を明確化する目的で、「ビジネス要件」として整理された要件、かつ「業務要件」「システム要件」にブレイクダウンしない（できない）要件について確認し、合意形成を行います。併せて、「ビジネス要求」として整理されたものの「ビジネス要件」とならなかった事項に関しても、最終的に確認します。

「業務要件」→ビジネス責任者・担当者

　該当ビジネスの責任者及び担当者との間では、業務の方向性を明確化する目的で、「業務要件」として整理された要件、かつ「システム要件」にブレイクダウンしない（できない）要件について確認し、合意形成を行います。業務フローと業務プロセスは、ITシステムの有無にかかわらず存在しますから、これらの定義に関する合意はここで行います。併せて、「業務要求」として整理されたものの「業務要件」とならなかった事項に関しても、最終的に確認します。

「システム要件」→業務担当者

　当該業務の担当者との間で、システムの方向性を明確化する目的で、「システム要件」として整理された要件について確認し、合意形成を行います。併せて、「システム要求」として整理されたものの「システム要件」とならなかった事項に関しても、最終的に確認します。

　せっかく苦労して迅速に要件定義を終えても、合意形成に時間がかかるようでは本末転倒です。時間的制約がプロジェクト全体を圧迫することについて、開発者とユーザーの間で共通認識を持ちましょう。それでも合意に時間がかかりそうなときは、プロジェクト全体の工程の中にきちんとバッファを持たせておく必要があります。つまりWBS (Work Breakdown Structure) 上に定義して、スケジュールを再調整しなければなりません。

もちろん、そうならないに越したことはありませんが、ステークホルダーの数が多く、開発対象のシステムが大規模になるほど、合意対象が増えて困難になります。早期に合意形成を終了させるためには、繰り返しになりますが、「わかりやすいもの」を用いることが一番です。

「事実」と「真実」

　米ピュー・リサーチ・センターが2015年11月に明らかにした調査によると、米国人のほぼ6割が「進化論派」になったそうです。「ようやく、10人中6人が進化論を信じるようになった」と言い換えるべきかもしれません。2004年11月に米CBSテレビが行った世論調査では、回答者の55%が「創造論」を信じていると答えていたので、過去10年で形勢が逆転したようです。

　とはいえ、米国市民の10人中4人が、「人間は神が創造した」と未だに信じているのです。宗教・信条にかかわる微妙な問題ではありますが、無神論者が多い日本では「進化論は事実」と考える人が多いでしょう。でも、彼らにとっては、「創造論」を信じることが生きていく上で大切な「真実」なのです。

　もちろん、「ノンフィクション＝事実」は大切です。けれども、何らかのコミュニティにおいて人が生きていくためには、事実よりも真実を語る物語が不可欠なのです。それがどんなに小さなコミュニティであろうとも！です。

　人は「真実」を語る物語を通してしか「事実」に向き合えません。自身の価値観や幻想のフィルターを通じて「事実」を垣間見るのです。たとえ人から見れば当たり前の「事実」であろうと、立場や考え方が異なれば「真実」は異なります。

　進化論は喩え話として少々大袈裟かもしれませんが、システム開発プロジェクトというコミュニティでも同様のことが起こります。様々なステークホルダーが登場し、それぞれがそれぞれの立場で、「真実」を通じて様々な

「事実」に向き合います。そして前述のとおり、人により「真実」のフィルターは異なります。

そんな環境の中で、要件定義の合意形成を行う必要があるのです。このような人間社会の原則というべき制約が、システム開発を難しくしている大きな要因であると、筆者は考えています。

合意に至る本気度

ユーザー、またはそのステークホルダーが、果たしてどの程度の「本気度」で要件定義に向き合っているか、きちんと把握しておく必要があります。

もし、要件定義内容の合意が得られない場合は、前項で説明したように「未決」事項として整理しておきます。「未決事項」を残したまま要件定義を終えるのは本来の姿ではありません。しかし、いつまでも要件定義を引っ張ることは、プロジェクトとして許されません。

「未決事項」を残すことは、設計工程で要件定義をやり直すことを意味します。そのための工数バッファが必要になることを、ステークホルダーと合意しなければなりません。つまり「未決の合意」は、コスト増になることの合意なのです。

未決事項が機能レベルであれば、アジャイル型開発のように飲み込める可能性が高いと言えます。しかし、経営レベルや事業レベルに関わったり、あるいは業務プロセスの変更に関わる未決事項は、ほぼ確実に、プロジェクトの大問題に発展します。バッファでは吸収できない事態に陥るのです。

とはいえ…

冒頭でも触れましたが、見たこともない新システムの仕様を「ここで決めろ」と言われて、簡単にできる人は少ないでしょう。本書で「大枠」を掴む

ことを要件定義の目的としているのは、それが理由です。せめて、わかりやすく示した「大枠」には合意が得られるように、要件定義を行い、合意形成ができなければなりません。その場合、詳細な仕様決定は、設計と併行して行えばよいのです。

　何がどうであれ、開発対象の新システムの目的と方向性を明確化することで、まず根を張り、幹を確立させた上で枝を伸ばすのが、システム開発を成功に導く最善の近道であると、筆者は確信しています。

補稿 『システム設計のセオリー』の読者の方へ

『システム設計のセオリー』の読者の方へ

　要件定義の工程については、様々な考え方があります。また、どこまでを要件定義とみなすかは、プロジェクトにより異なります。本文でも触れたとおり、「プロセスとタスク(成果物)の関係はプロジェクト次第」という考えが一般的であるようです。外部設計と基本設計のフェーズを「システム要件定義プロセス」とみなすケースもあります。IPA(独立行政法人情報処理推進機構)では、「成果物の使用目的により深さを決定する」という表現を使っています。

　拙著『システム設計のセオリー』では、「論理設計」という工程の概念を定義しました。この「論理設計」は、「要求分析」「要件定義」「基本設計(前半)」までを含む工程として説明しました。

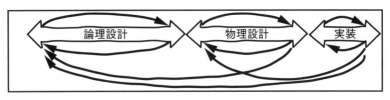

★論理設計までを要件定義とみなす場合あり

　所謂実装(How)を意識せずに、何(What)をきちんと定義すべきという考えに基づいています。「論理設計」は、このWhatの部分の定義を行うことを目的としています。但し昨今では、アーキテクチャによって実装工程の内容が左右されるため、この時点で実装を意識したアーキテクチャを検討する必要はあります。実装を意識せずに定義するのはデータ、プロセス、機能等に関することになります。

　本書では、『システム設計のセオリー』で定義した「要件定義」工程で実施する

作業を継承しています。但し、「設計工程」の考え方が異なれば、要件定義で実施すべき事項と成果物は異なります。このことを前提にして、広義に「要件定義」工程を捉えています。具体的には、「論理設計」で行う作業、つまり『システム設計のセオリー』では「要件定義＋基本設計（前半）」と定義した工程で行う作業についても、一部、要件定義で行う作業として説明しています。

本書は『システム設計のセオリー』と対をなす書籍です。本書は要件定義にフォーカスしていますので、作業範囲や作業内容の解釈等に相違点があります。重複もあります。本書のみを読んでくださる方が、広い意味での要件定義について理解しやすいように構成しました。

さらに、『システム設計のセオリー』を読んでくださった方にも、相違点を認識しつつ、要件定義について一層理解を深めることを可能とすべく構成しています。

工程と作業について、拙著『システム設計のセオリー』で定義した、「要件定義〜基本設計（前半）」を論理設計に位置づける工程の考え方について、もう少し触れておきます。

本書の中でも若干触れましたが、本来は「論理設計」を一気通貫で行う方が、開発プロジェクトにとって効率的であり、可能であれば行うべきと、筆者は考えています。しかし、システム開発プロジェクトは生き物です。工程をきちんと分けて、その時点での規模や範囲を明確にしなければならないケースの方が多いことでしょう。

筆者はベンダーとユーザーの様々な立場から、システム開発プロジェクトに参画してきました。ベンダー側の立場で開発を受託した際には、工程を細かく分けなければならない場合が殆どでした。工程を分けることにより、作業のダブりが生じることがありましたが、別のベンダーが関わることから仕方なかったのです。

ユーザー側の立場で自社開発した際には、工程に関するリスクを自分達で負えばよいので、一気通貫に開発を行いました。論理設計までを、一人の人間がある程度管理することにより、効率よく開発することができました。

工程と作業の比較

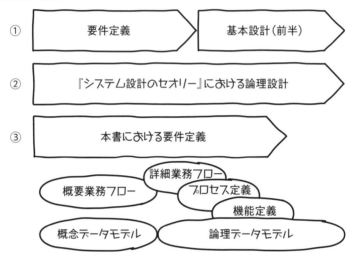

　要件定義という工程の作業と成果物については、様々な考え方があります。上の図中①のように工程を定めた場合、要件定義の作業内容は、プロセスモデルとして「概要業務フロー」を作成し、「詳細業務フロー（一部）」「プロセス定義（一部）」「機能確定（一部）」までを行います。データモデルとしては、属性を表していない概念データモデルを作成します。

　図中②のように、上述の「論理設計」として定義した場合には、プロセスモデルとして「詳細業務フロー」作成し、「プロセス定義」「機能確定」までを行います。データモデルとしては、全属性を定義した「ソリューション論理データモデル」を作成します。

　図中②のように、全ての機能まで確定するか否かは、プロジェクトにより異なります。そのため本書では、図中③のようにもう少し粗いレベルでの「方向性」を確定する場合も想定し、プロセスモデルは②よりもやや粗く、主要プロセス・機能の定義及び業務フローの作成を行います。データモデルとしては、概念データモデルと主要属性を定義した

「エンタープライズ論理データモデル」を作成します。そのため結果的に『システム設計のセオリー』よりも、やや広義の要件定義について説明してきました。

　読者の皆様が関わっているプロジェクトの要件定義工程と作業に応じて、本書を参考にしていただければ幸いです。

鳥の目を持って地べたを這う

「すべてがわかったようなつもりでいても、双方のおもいちがいは間々あることで、大形にいうならば、人の世の大半は、人びとの〔勘ちがい〕によって成り立っているといってもよいほどなのだ。」

　　　　　　　　　　　池波正太郎『真田太平記　五』より

「この世は、それぞれの勘違いによって成り立っている」

　　　　　　　　　　　　　　　池波正太郎『旅路』より

　本書の最後も池波正太郎先生の小説から一節を引用して終わります。
　身も蓋もない話かもしれませんが、世の中は勘違いに満ちています。「勘違いで成り立っている」といってもよいかもしれません。何かを成し遂げようと思うとき、「そこには勘違いが当たり前にある」こと、「勘違いで成り立っている」と言える状況にあることを、肝に銘じなければなりません。人と人が理解しあうのは容易でありません。まして立場が違う者同士では、より難しいものになるでしょう。
　システム開発も世の中同様に勘違いの連続の中で行われていきます。本書は少しでも勘違いをなくし、よりよいシステムを開発するために、要件定義において必要な作業を説明した本です。要件定義のスキルは、普通の（凡庸な）システム屋なら誰でも習得できます。本書では、このことを強く訴えたいと思いました。もちろん「顧客のため」「ユーザーのため」というマインドを持つ必要があります。そこがもしかしたら一番難しいかもしれません。要件定義では、システム開発で培った経験が生きます。例えばログ、証跡を残すべき機能の把握であるとか、伝票なしで残高を変更せよという要望に対し、きちんとコンプライアンスを守り、バランス感覚を持って対応するこ

と、要件が技術動向から乖離していないか確認するなどは、経験があってこそ可能になります。それ以外にも今まで経験したシステム開発で培った感性があるはずです。例えばプロジェクトの進め方に関する勘所、ロジカルに考える習慣、たとえ実装しかやったことがなかったとしても、仕様の不備に気づく経験知といったものは自然に身についています。

　一般的な業務知識を持っている業務屋にとっても、日々の業務経験で培った業務ノウハウを生かして(たとえ凡人でも)システム化に必要な思考・知識さえ習得すれば、要件定義を行うことは難しくありません。IT、情報システムに関する知識を習得した上で、業務をいかにシステム化することが最適かを判断できるようになる、つまりアナログをいかにデジタルで落とし込むかの勘所さえわかれば、充分要件定義は行えるようになります。

　システム屋(開発者)であっても、業務屋(ユーザー)であっても、異なるアプローチで頂(いただき)を目指すことにより、要件定義は行うことができます。そして結果的にシステム開発を成功に導くことが可能になります。恐れず前に進みましょう！

　最後に、筆者がシステム開発において要件定義、設計を行う際に常に頭に置いている考えを記して、本書の終わりとします。

　「天高く舞う鳥の視点を持ちつつ、地べたを這って泥臭く仕様を固める。」この言葉は筆者の造語です。

　システム開発を成功に導くには、この信念を胸に突き進むしか道はないと確信しています。システムの開発者には「鳥の目を持って地べたを這う」覚悟が必要なのです。

　本書は拙著『システム設計のセオリー』と同様に、多くの方に支えられて

完成することができました。本書を出版する機会を作っていただいた湯澤一比古氏、執筆にあたり今回も数多くの貴重なアドバイスをくださった情報システムの師匠である本村智之氏、企画・編集面で刊行まで導いていただいた松本昭彦氏、蒲生達佳氏に感謝します。そして、いつも暖かく筆者を見守ってくれている家族、妻、息子、娘、そして末っ子のましゅーへ感謝の意を示すとともに本書を捧げます。本書を通じ、少しでも読者の方々のお役に立つことができればこれにまさる喜びはありません。

     2018年4月　　　日本橋浜町にて　　赤 俊哉

参考文献

- 玉飼真一、村上竜介、佐藤哲、太田文明、常盤晋作、ほか著 『Web制作者のためのUXデザインをはじめる本』翔泳社、2016年11月
- Jaime Levy著、安藤幸央監修『UX戦略——ユーザー体験から考えるプロダクト作り』オライリージャパン、2016年5月
- Michal Levin著、青木博信・大木嘉人ほか訳『デザイニング・マルチデバイス・エクスペリエンス——デバイスの枠を超えるUXデザインの探求』オライリージャパン、2014年12月
- 後藤章一、辻大輔、堀江弘志、松尾潤子著『BABOKの基本と業務』翔泳社、2011年8月
- 真野正著『独習データベース設計』翔泳社、2009年10月
- DAMAinternational著、データ総研監訳『データマネジメント知識体系ガイド 第一版』日経BP社、2011年12月
- JBCC株式会社『Xupperコンセプトと開発方法論』(発行者：ケンシステム開発) 1995年11月
- 前川直也、西河誠、細谷泰夫著『わかりやすいアジャイル開発の教科書』ソフトバンククリエイティブ、2013年4月
- 竹林崇、亀川和史、清水頼行、串田悠彰、石神政典、中村薫著『アジャイルでやってみた。ウォーターフォールしか知らなかった僕らSIerのスクラム日記』秀和システム、2016年9月
- 水田哲郎著『手戻りなしの要件定義実践マニュアル 増補改訂版』日経BP社、2014年4月
- 清水吉男著『[入門＋実践] 要求を仕様化する技術・表現する技術～仕様が書けていますか?』技術評論社、2016年3月
- 鈴木雄介著『Cloud First Architecture設計ガイド』日経BP社、2016年8月
- 長瀬嘉秀、田中明、松本哲也著『マイクロサービス入門——アーキテクチャと実装』リックテレコム、2018年1月
- 赤俊哉著『ユーザー要求を正しく実装につなぐ——システム設計のセオリー』リックテレコム、2016年3月

索 引

5W2H 070, 120, 146, 148, 149, 156, 216

A
AsIs概念データモデル 087
AsIsデータ分析 191
AsIsデータモデル 172, 176
AsIs分析 086
AsIsモデル 081, 101, 102

B
BABOK 041, 042, 043, 047, 048, 190
BCP 021

C
CRUD 158
CRUDマトリクス 034, 087, 133, 159, 204, 205, 208

D
DMBOK 061, 171, 174
DMBOK（Data Management Body of Knowledge）Guide 062

E
ER（エンティティとリレーションシップ）... 175
ER図 174

F
FURPS＋ 214

I
IE記法 175

M
MDM 176

O
One Fact In One Place 181

R
RFP 020, 021

T
ToBe概念データモデル 012
ToBe業務フロー 143, 180
ToBe業務フロー図 155, 199, 206
ToBeデータモデル 171, 176, 196
ToBeプロセスモデル 012, 085
ToBeモデル 012, 081, 084, 101

U
UI 021, 035, 068, 070, 127, 157, 158, 170, 192
UIプロトタイプ 180
UML（Unified Modeling Language）.............. 039
URPS＋ 215
UX 068, 146, 226

W
WBS 044

Y
YAGNI 076

あ
アーキテクチャ 034, 035, 231
アクセシビリティ 214
アクター 160
アクティビティ図 039
アジャイル開発 040, 044
アジャイル型 045, 074
アジャイル型開発 047, 051, 052, 053, 073, 077
アプリケーションアーキテクチャ 076, 233, 242

い
移行要件 220, 222, 239
一意従属 196
イテレーション 075
イベント系エンティティ 180, 195
インセプションデッキ 075

う
ウォーターフォール 044
ウォーターフォール型 044, 045
ウォーターフォール型開発 047, 049, 051, 053, 073
ウォーターフォール型開発 050
運用要件 238

え
エイリアス 200
エンタープライズ系システム 056, 068, 069,

071, 084, 088	サブジェクトエリア 115, 186, 193, 199, 208

エンタープライズ論理データモデル 171, 174, 263

エンティティ 086, 171, 174, 175, 177, 183

お

オンプレミス 018

か

概念クラス図 190

概念データモデル 039, 086, 087, 171, 173, 174, 176, 177, 193, 194, 196, 220

概念モデル 039

外部インターフェース 154, 192, 199, 210

カスタマジャーニー 071

カスタマジャーニーマップ 071, 227

画面遷移図 157

画面UI 226

画面UIラフデザイン 157

画面遷移 158

画面遷移図 220

画面遷移標準 168

き

機能 157

機能要求 042

業務フロー 072

業務フロー図 039, 118, 124, 125, 195

業務プロセス 012, 035, 072, 118, 153

業務要求 019, 020, 021, 042, 090, 091, 092, 095, 250

業務要件 019, 021, 030, 031, 088, 092, 124, 140, 143, 250, 255

く

クラウド 018, 232

こ

コード体系 087, 191

コンシューマー向けシステム 056, 069, 071, 084, 123

コンシューマー向けWebシステム 225

さ

サバレスアーキテクチャ 236

し

システムアーキテクチャ 233, 235, 240

システム系プロセス 127

システム全体図 085, 113, 114, 116, 135, 154, 199, 252

システム要求 019, 020, 021, 022, 042, 090, 091, 096, 222, 250

システム要件 019, 020, 021, 030, 031, 088, 092, 110, 111, 143, 250, 253, 255

シノニム 200

主キー 199

仕様 013

上流工程 003, 023, 024

新ToBeモデル 101, 102, 113

す

スイムレーン 130, 155

スクラム 074

ステークホルダー 011

スパゲッティ化 182

スプリント 074, 075

スプリントバックログ 076

せ

正規化 172, 180

セキュリティ 214

そ

属性 171, 177, 197

属性（アトリビュート） 175

疎結合 237

ソリューション論理データモデル 171, 174

た

タイムボックス 075

ち

抽象化 172, 185, 199

て

データ 035

データガバナンス 063

データ項目辞書 184, 200

データディクショナリ 174, 184, 200

269

データマネジメント 061, 062, 063, 176
データモデリング 179, 182
データモデル 012, 018, 034, 063, 085, 086
データモデルパターン 185, 199
デメリット 039

と
同義語 200
導出項目 198
トップダウンモデリング 124, 171, 179, 194
トランザクション 180
トレーサビリティ 110

に
人間系 127
人間系プロセス 127, 136

は
配置ルール 186
パフォーマンス 214

ひ
非機能要求 042
非機能要件 035, 087, 167, 213, 242
非機能要件定義書 228
ビジネス要求 019, 020, 021, 022, 042,
                          090, 091, 092, 222, 095
ビジネス要件 019, 021, 030, 031, 088, 092,
                          124, 140, 143, 250, 255
ビジネスルール 135, 139, 140, 179,
                          184, 188, 201

ふ
プロセス定義 070
プロセスモデル 012, 034, 070, 118
プロダクトバックログ 076
プロトタイプ 044, 149, 165, 167, 168, 220

へ
ペーパープロトタイピング 167, 227
ペーパープロトタイプ 168, 228
ペルソナ 070, 146, 160, 161,
                          218, 227, 228

ほ
ボトムアップモデリング 124, 171, 195

ホモニム 200

ま
マイクロサービス 236, 237
マスター系 173

ゆ
ユーザーインターフェース 157
ユーザーエクスペリエンス 068
ユーザーシナリオ 069, 071, 072, 119, 146,
                              160, 161, 167, 168
ユーザービリティ 159
ユーザビリティ 214, 224
ユースケース記述 162, 168

よ
要求 019, 021
要求分析 026
要件 019, 021, 101
要件定義 026, 029
要件定義書 111, 116
用語集 184, 188, 200

り
リソース 172, 176
リソース系 171
リソース系エンティティ 179, 194, 202
リポジトリ 054
リレーションシップ 174, 175, 177,
                                  183, 196, 208

ろ
論理データモデル 171, 173, 175, 176,
                                177, 196, 199, 206, 220

簡易電子版の閲覧方法

　本書の内容は簡易電子版コンテンツ（固定レイアウト）の形でも閲覧することができます。

・簡易電子版コンテンツのご利用は、本書 1 冊につきお一人様に限ります。
・閲覧には、専用の閲覧ソフト（無料）が必要です。この閲覧ソフトには、Windows 版、Mac 版、iOS 版、Android 版があります。

◆ 簡易電子版の閲覧手順

　弊社のサイトで「引換コード」を取得した後、コンテン堂のサイトで電子コンテンツを取得してください（コンテン堂はアイプレスジャパン株式会社が運営する電子書籍サイトです）。

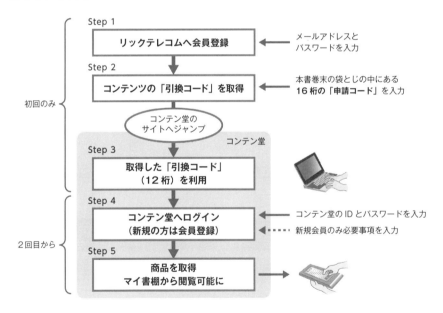

i

Step 1

① 弊社の『電子コンテンツサービスサイト』(http://rictelecom-ebooks.com/)にアクセスし、[新規会員登録(無料)]ボタンをクリックして会員登録を行ってください(会員登録にあたって、入会金、会費、手数料等は一切発生しません)。過去に登録済みの方は、②へ進んでください。

② 登録したメールアドレス(ID)とパスワードを入力して[ログイン]ボタンをクリックします。

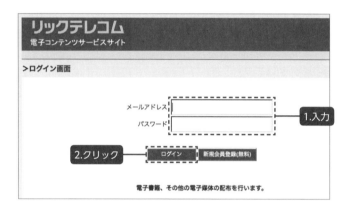

Step 2

③ 『コンテンツ引換コード取得画面』が表示されます。

(*) 別の画面が表示される場合は、右上の[コード取得]アイコンをクリックしてください。

④ 本書巻末の袋とじの中に印字されている「申請コード」(16ケタの英数字)を入力してください。その際、ハイフン「-」の入力は不要です。次に、[取得]ボタンをクリックします。

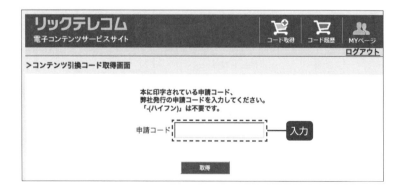

⑤ 『コンテンツ引換コード履歴画面』に切り替わり、本書の「コンテンツ引換コード」が表示されます。

⑥ [コンテン堂へ]ボタンをクリックします。すると、コンテン堂の中にある『リックテレコム 電子Books』ページにジャンプします。

Step 3

⑦ 「コンテンツ引換コードの利用」の入力欄に、いま取得した引換コードが表示されていることを確認し、[引換コードを利用する]ボタンをクリックします。

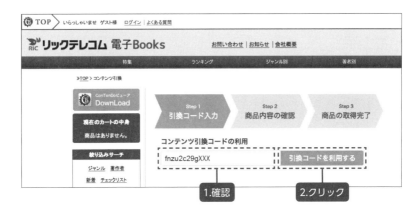

Step 4

⑧ コンテン堂のログイン画面が表示されます。コンテン堂を初めてご利用になる方は、[会員登録へ進む] ボタンをクリックして会員登録を行ってください。なお、すでにコンテン堂の会員である方は、登録したメールアドレス (ID) とパスワードを入力して [ログイン] ボタンをクリックし、手順⑫に移ります。

⑨ 新規登録の方は、会員情報登録フォームに必要事項を入力して、[規約に同意して登録する] ボタンをクリックします。

⑩ 『確認メールの送付』画面が表示され、登録したメールアドレスへ確認メールが送られてきます。

⑪ 確認メールにある URL をクリックすると、コンテン堂の会員登録が完了します。

Step 5

⑫ 『コンテンツ内容の確認』画面が表示されます。ここで［商品を取得する］ボタンをクリックすると、『商品の取得完了』画面が表示され、本書電子版コンテンツの取得が完了します。

⑬ ［マイ書棚へ移動］ボタンをクリックすると『マイ書棚』画面に移動し、本書電子版の閲覧が可能となります。

（＊） ご利用には、「ConTenDo ビューア（Windows、Mac、Android、iPhone、iPad に対応）」が必要です。前ページに示した画面の左上にある［ConTenDo ビューア DownLoad］ボタンをクリックし、指示に従ってインストールしてください。

本書電子版の閲覧方法等については、下記のサイトにも掲載しています。
http://www.ric.co.jp/book/contents/pdfs/download_support.pdf

赤 俊哉 (Toshiya Seki)

1964年生まれ。SI会社のプログラマー、SEを経て、ユーザー企業（劇場）の情報システム部門に着任。全社のシステム化を推進した後、業務現場にて営業・飲食事業・座席予約管理業務のマネージメント、BtoCビジネス等を担当。現在は全社のIT戦略とともに、業務改革、データ経営の推進、データモデリング／プロセスモデリング等、業務管理全般に従事。併行してITを駆使した舞台のプロデューサーを務める。いつも心に留めているのは「鳥の目を持って地べたを這う」（造語です）姿勢を忘れないこと。
著書に『システム設計のセオリー』・『システム設計のセオリーⅡ』（リックテレコム）、『SE職場の真実』（日経BP）がある。
週末の楽しみは末っ子のましゅーとの散歩。

だまし絵を描かないための
要件定義のセオリー

©赤 俊哉 2018

2018年5月22日　第1版第1刷発行	著　者	赤 俊哉
2025年5月15日　第1版第6刷発行		
	発 行 人	新関 卓哉
	企 画 担 当	蒲生 達佳
	編 集 担 当	松本 昭彦
	発 行 所	株式会社リックテレコム
		〒113-0034　東京都文京区湯島3-7-7
		振替　00160-0-133646
		電話　03（3834）8380（営業）
		03（3834）8427（編集）
		URL　https://www.ric.co.jp/
本書の全部または一部について無断で複写・複製・転載・電子ファイル化等を行うことは著作権法の定める例外を除き禁じられています。	装　　　丁	河原 健人
	本 文 組 版	前川 智也
	印刷・製本	株式会社平河工業社

●訂正等
本書の記載内容には万全を期しておりますが、万一誤りや情報内容の変更が生じた場合には、当社ホームページの正誤表サイトに掲載しますので、下記よりご確認下さい。
＊正誤表サイトURL
　https://www.ric.co.jp/book/errata-list/1

●本書の内容に関するお問い合わせ
FAXまたは下記のWebサイトにて受け付けます。回答に万全を期すため、電話でのご質問にはお答えできませんのでご了承ください。
＊FAX：03-3834-8043
＊読者お問い合わせサイト：
　https://www.ric.co.jp/book/
　のページから「書籍内容についてのお問い合わせ」をクリックしてください。

●製本には細心の注意を払っておりますが、万一、乱丁・落丁（ページの乱れや抜け）がございましたら、当該書籍をお送りください。送料当社負担にてお取り替え致します。

ISBN978-4-86594-068-8　　　　　　　　　　　　　　　　　　Printed in Japan